U0394709

水溶性复混肥料的合理施用

邓兰生　涂攀峰　张承林 等　编著

中国农业出版社
北　京

内 容 简 介

全书共分5章，分别介绍水溶性复混肥料概述、水溶性复混肥料施用效果的影响因素分析、水溶性复混肥料施用载体、水溶性复混肥料施用方式方法和水溶性复混肥料应用案例。本书将理论与生产实践紧密结合，系统介绍了水溶性复混肥料的施用方式方法、应用案例及合理施用过程中应注意的问题，具有较强的实用性和可操作性。本书主要是面向农林院校学生、农资企业技术人员、农技推广人员、种植业合作社技术人员及种植大户使用。

SHUIRONGXING FUHUN
FEILIAO DE HELI SHIYONG

《水溶性复混肥料的合理施用》

编 著 者 名 单

邓兰生（华南农业大学）

涂攀峰（仲恺农业工程学院）

张承林（华南农业大学）

王　蕾（华南农业大学）

王辛龙（四川大学）

杨依彬（华南农业大学）

胡振兴（华南农业大学）

程凤娴（华南农业大学）

苏效坡（东莞一翔液体肥料有限公司）

姬静华（东莞一翔液体肥料有限公司）

杨依凡（东莞一翔液体肥料有限公司）

胡义熬（华南农业大学）

林秀娟（华南农业大学）

审　稿　张承林

前言

　　肥料是作物的粮食。施肥是保障高产稳产的最重要措施之一，不仅直接关乎作物生长、产量和品质的提升，也关乎土壤、环境和水体等的质量。目前面临的普遍问题是施肥过量、肥料利用率低和施肥劳力短缺。因此，如何做到合理施肥、提高肥料利用效率、降低环境污染风险、实现农业生产的可持续发展，是广大种植业从业人员必须重视的问题。

　　水溶性复混肥料是随着水肥一体化技术的兴起而产生的。20世纪60年代至70年代初，以色列开始推广滴灌技术，需要用到溶解快、含渣少的肥料。以色列海法化学工业公司开始研究粉剂和液体水溶性肥料。随着国外大规模推广灌溉施肥技术，水溶性复混肥料也被大面积使用。

　　在我国化肥行业加快转型升级的背景下，发展水溶性复混肥料和推广水肥一体化技术是大势所趋，是促进我国化肥减施增效的重要途径。目前，我国复合肥消费量占化肥总消费量的35%，在农业生产中起到重要的作用。随着土地流转和新型经营主体兴起，集约化机械化栽培技术和水肥一体化技术快速发展，水溶肥料的重要性日益突出。

水溶性复混肥料是指能够完全或大部分溶解于水、稀释后通过喷灌、微喷灌、滴灌、漫灌、浇灌、无土栽培、浸种蘸根等途径施用的液体或固体多元素复混型肥料。目前的形态主要有固体和液体两种。而液体形态又分为清液型和悬浮型。水溶性复混肥料具有易溶于水、养分含量高、营养平衡、杂质少、肥效快、吸收率高、使用方便和多功能等特点，非常适用于水肥一体化系统。随着水肥一体化技术的普及和推广，水溶性复混肥料受到越来越多人的关注和青睐。

水溶性复混肥料的应用效果受作物种类及生长状况、土壤类型、气候条件、灌溉施肥方式、肥料配方、从业人员生产管理水平等多因素影响。目前，我国的水溶性复混肥料主要是借助灌溉设施和简单的人工喷洒浇淋应用在经济价值较高的作物上，自动化程度低，缺少精准的施肥方案，肥效难以得到保证。而对经济效益较低的大田作物则尚未大规模应用。同时，配套的施肥机械尚未到位，缺乏合理施用的方法和专业的技术推广队伍，使水溶性复混肥料的应用效果大打折扣。基于此，笔者结合多年的试验研究成果和生产实践经验，组织编写此书，着重介绍水溶性复混肥料施用的方式方法、田间应用案例及施用过程中需注意的问题等。

全书共分5章，分别介绍水溶性复混肥料概述、水溶性复混肥料施用效果的影响因素分析、水溶性复混肥料施用载体、水溶性复混肥料施用方式方法、水溶性复混肥料应用案例。本书将理论与生产实践紧密结合，具有较强的实用性和可操作性。

本书第一章由王蕾、程凤娴、王辛龙负责编写；第二章由姬静华、邓兰生、杨依彬负责编写；第三章由胡振兴、邓兰生负责编写；第四章由邓兰生、涂攀峰、胡振兴负责编写；第五章由邓兰生、苏效坡、姬静华、杨依凡、胡义熬负责编写。全书由邓兰生负责统稿、修改，林秀娟负责相关图表的绘制，张承林负责书稿内容的审定、校稿。在书稿资料收集和编写过程中，广州一翔农业技术有限公司的李中华及东莞一翔液体肥料有限公司的胡克纬、龚林、李瑞荣等提供了大力支持和帮助。

感谢国家重点研发计划项目（2016YFD0200404）对本书出版提供的经费支持。

编　者

2021 年 1 月

目录

前言

第一章　水溶性复混肥料概述

第一节　水溶性复混肥料的发展

　　复混肥料是指含有氮、磷、钾三元素中两种或两种以上成分的颗粒肥料，常见的有磷酸二铵、各种三元素复合肥和配方肥等。水溶性复混肥料是指含有氮、磷、钾三要素中两种或两种以上成分的液体或固体肥料，其能够完全或大部分溶解于水，稀释后通过喷灌、微喷灌、滴灌、漫灌、浇灌、无土栽培、浸种蘸根等方式施用。水溶性复混肥料与颗粒复混肥料相比具有明显的优势，表现为溶解快、吸收快、营养更平衡、容易添加肥料增效物质、肥料利用率高。固体形态有粉剂型和颗粒型，液体形态有清液型和悬浮型。水溶性复混肥料非常适用于水肥一体化系统。通过灌溉系统施肥是更科学的施肥方法，大大促进养分向根表的移动，显著提高肥料的利用率。这也是发展水溶性复混肥料的重要原因。目前，施肥劳力短缺已成为规模化种植户的心头之痛，通过自动化的管道施肥可以大大减少劳力的投入。劳力短缺问题也是水溶性复混肥料特别是液体复混肥料发展的重要推动力。

　　区别普通复混肥料和水溶性复混肥料的关键指标有两个：溶解速率和水不溶物含量。溶解速率是水溶性复混肥料的重要指标。影响溶解速率的因素：①肥料颗粒的大小，通常颗粒越小，溶解越快；②温度，温度越高，溶解越快；③搅拌，搅拌能使溶解加快；④溶解的水量，稀释倍数越大，溶解越快。液体肥料能迅速溶解于水。颗粒与粉剂水溶性复混肥料相对溶解速率较慢，使用时需要提前溶解或者在溶解时进行搅拌。因为溶解速率受颗粒粒径、温度、搅拌和溶解水量多个因素影响，所以很难针对具体肥料确定溶解速率的指标。对绝大部分水溶性肥料来讲，通过搅拌、提高水温、少量多次施肥基本都能解决溶解速率慢的问题。

水溶性复混肥料中的杂质多少是判断肥料质量的重要指标。水不溶物含量测定方法可参考《水溶肥料　水不溶物含量和 pH 的测定》（NY/T 1973—2010）的方法，采用重量法测定。一般滴灌要求水不溶物含量小于 0.2%，微喷灌要求水不溶物含量小于 5%，喷灌要求水不溶物含量小于 15%。淋施、浇施要求相对更低。通常水不溶物含量越低，意味着肥料越贵。

发展灌溉设施，如滴灌、喷灌等，都要求用水溶性好、杂质少的水溶性复混肥料。灌溉越精细，对肥料的水不溶物含量要求越高。比如滴灌，用水溶性差的肥料容易出现过滤器堵塞问题，这不仅会影响灌溉设施运行，还会浪费大量的人力，从而降低工作效率。在大量元素水溶肥料行业标准中，水不溶物含量要求小于 5%。然而，在实际生产中，很多符合这个标准的水溶肥料却很容易堵塞滴灌系统中的过滤器。因此，水不溶物含量与施肥方式有关，如通过滴灌施肥，水不溶物含量越少越好；对于喷灌、冲施、漫灌等施肥方式，水不溶物含量可以高一些，以不影响灌溉系统的正常工作为标准。对于研发单位，建议在提高肥料溶解速率与降低水不溶物含量上下功夫，开发出更高端的水溶性复混肥料，以提高灌溉效率。

一、国外水溶性复混肥料的发展

国外水溶肥料市场以氯化钾、尿素及尿素硝铵溶液占主导地位。低浓度水溶肥料主要用于大田作物，而高浓度水溶肥料及功能型水溶肥料主要用在经济作物及花卉上。

由于灌溉设施的普及，水溶性复混肥料在一些农业发达国家得到快速发展。美国液体肥料产量占总肥料的 50%。年消耗液体肥料 1 600 多万吨。法国、澳大利亚、加拿大、荷兰、丹麦、挪威、以色列、新西兰、墨西哥、哥伦比亚等国都是大面积应用液体肥料的国家。在以色列由于灌溉施肥全面普及，90％的农作物通过灌溉系统使用液体肥料。

美国液体肥料的发展比其他国家更为迅速。促使美国液体肥料迅速发展的原因是美国农业集约化水平较高，具有较好的管网输送设施，生产、销售、农化服务网络也比较健全。目前，国际肥料消费正在向高浓度、复合化、液体化、缓效化的方向发展。水溶性复混肥料由于具有生产成本低、养分含量高、易于复合、能直接被农作物吸收、便于配方施肥（平衡施肥）和机械化施肥等诸多优点，越来越受到各国的普遍关注。世界上发达国家的农业集约化和产业化水平高，为农业机械化耕作和机械化施肥创造了良好的条件，因此，水溶性复混肥料在这些国家得到了广泛应用。2018 年，全球液体肥料市场价值为 87.599 亿美元，预计在预测期内年均复合增长率为 3.4％。

此外，国外目前没有专门针对水溶肥料的登记标准，但有专门的检测标准，且在肥料投放市场前要求做相关的毒理测试试验。国外液体肥料市场准入限制少，大大推进了水溶性复混肥料的发展。同时，国外农化服务体系相对比较成熟，既有专业的农化服务人员，又有成熟的农化服务平台。这不仅有利于规范液体复混肥料市场，也有助于农户科学平衡施用液体复混肥料。

二、国内水溶性复混肥料的发展

（一）农业农村部登记类产品

与国外相比，我国水溶性复混肥料发展较晚。从 2000 年开始，一些国外完全水溶的粉剂水溶肥开始进入中国市场，让国内肥料企业认识了粉剂水溶肥，于是有企业开始水溶肥生产技术研究和产品开发。我国的水溶性肥料产业真正开始形成是在 2005 年以后。在国内市场需求、农业环保政策的重视及水肥一体化的推广条件下，我国水溶性复混肥料产业迅猛发展，施用面积不断扩大。很多传统复合肥料及农药企业开始涉足水溶肥料领域。

为了规范水溶肥料市场的管理，2009 年后我国相继出台了多个水溶肥料的农业行业标准，如大量元素水溶肥料、微量元素水溶肥料、中量元素水溶肥料、含氨基酸水溶肥料和含腐植酸水溶肥料的标准。目前市场上绝大部分都是根据这些标准生产的水溶肥料产品。

除营养元素外，很多产品添加了腐植酸、氨基酸、海藻提取物等生物刺激素类物质。一些食品工业或轻工业的副产物，含有氨基酸或腐植酸，如酵母液、木醋液、糖蜜液等，经过发酵、浓缩等过程转变为有机营养物质，再混配大量元素生产出有机无机复混型水溶肥料。生物刺激素类物质的添加，丰富了水溶肥料的种类和内涵，使水溶肥料成为含更多功能的肥料。

最近10年，水溶肥料行业发展迅速。根据农业农村部种植业管理司的统计数据（图1-1），截至2021年8月15日，中国登记的水溶肥料总计14 912个（图1-2）。其中，大量元素水溶肥料登记证有3 381个，中量元素水溶肥料登记证有1 592个，微量元素水溶肥料登记证有2 434个，含氨基酸水溶肥料登记证有3 323个，含腐植酸水溶肥料登记证有3 639个，有机水溶肥料登记证有543个（企业自定标准，登记评审委员会审核通过）。目前，我国登记的水溶肥料的应用集中在山东、云南、海南、广西、四川、广东等经济作物较多的省份。这些登记的水溶肥料存在单品销量小、价格

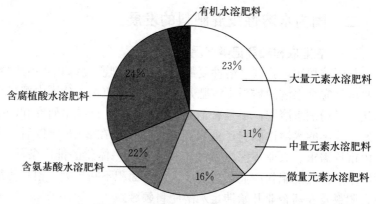

图1-1　不同类型水溶肥料所占比例

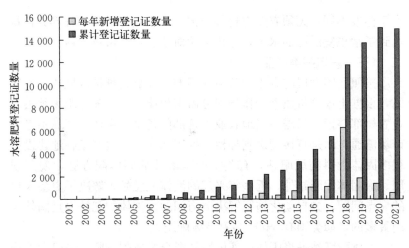

图 1-2 2001—2020 年我国水溶肥料登记证数量统计

高、包装精美、品种多、用量少等特点。特别是价格高,导致这些产品主要用于经济作物,如水果、蔬菜、花卉等。大部分与常规肥料配合施用。

我国水溶肥料登记种类主要分为颗粒、粉剂、水剂三大产品剂型。截至 2021 年 6 月 30 日,水剂形态水溶肥料登记证总数为 7 908 个,粉剂形态水溶肥料登记证数量为 6 837 个,颗粒形态水溶肥料登记证总数为 167 个。

虽然我国水溶肥料生产企业众多,市场上水溶肥料随处可见,但由于登记类水溶肥料普遍价格较高,限制了其广泛使用。一些农户将颗粒复合肥泡水溶解,经过滤施用。为加快肥料的溶解,一些农户将颗粒复合肥粉碎后兑水施用。这些现象表明,农户急需物美价廉用得起的水溶性复合肥。

(二)依照复混肥标准生产的产品

常规的颗粒复混肥是按照国家标准生产,要求造粒。通常复混肥磷原料选用农业级磷酸一铵,含有大量杂质,加上造粒过程添加了膨润土等黏结剂,导致常规的颗粒复混肥水不溶物含量高,溶解慢。一些厂家开始按复合肥标准生产颗粒水溶性复混肥,这类产品由于标准不同，无须农业农村部登记，没有登记费用，且养分含量达到了常规复混肥的水平，且价格相对便宜，受市场欢迎。

（三）配方肥类产品

按照我国发展配方肥的政策和标准，在靠近种植区域建立配肥站，根据土壤分析数据和作物养分需求规律生产的配方肥无须去农业农村部登记，只需在当地农业主管部门备案。生产的产品不进入市场流通，而是直接配送到种植户的田间地头。这些年各地建设了很多固体肥料的配肥站，有些生产水溶性的固体配方肥，现配现用。除固体配肥站外，近些年兴起的液体配肥站，解决了更多农户的痛点问题，如自动化施肥解决劳力问题。液体配肥站也是国外采用最多的，如美国有3 000多家液体配肥站。

液体配肥站是将固体或液体原料混合配成配方肥，一般含养分浓度较低，然后用吨桶或者槽罐车运送到田间的灌溉首部，卸入肥料桶或者肥料池，然后由自动化施肥机或者常规施肥设备加入灌溉系统。液体配肥站实现了液体肥料从生产到终端用户的最短路径的便捷对接，减少了仓储、搬运、包装及流通环节的成本，解决用户关注的质量稳定性、技术支持及性价比等问题（图1-3）。我国目前有多家企业在开展这一业务，如中化化肥、新疆慧尔、新疆沃

图1-3　液体肥料田间配送示意图

达、河南心连心、东莞一翔、甘肃亚盛等。我国目前有 20 多家液体配肥站，主要分布在内蒙古、新疆、甘肃等地区（图 1-4）。配肥站的产能根据服务的作物面积而定，可以几千吨到几万吨不等，服务的作物面积从几万亩*到几十万亩不等。液体配肥站同时也是技术服务站，一般配置养分速测实验室，可以快速检测土壤、肥料、灌溉水和植株的一些养分指标。液体配肥站模式减少了很多成本环节，使得生产的肥料价格低廉，非常适用于大田作物。特别在不施底肥的情况下，可以全程追施液体配方肥。

图 1-4 内蒙古乌拉特前旗的液体配肥站航拍图

液体配肥站通常配制清液肥料，原因是方便管道输送和计量精准。悬浮肥料由于高黏性，不适宜装载和卸载，更不适宜自动化施肥。通常液体配肥站的设备和操作都相对简单，主要设备有原料储槽或者储罐、计量设备、混合罐、输送泵、自动控制系统等。通常配肥在常温常压下进行。液体配肥站的常规做法是：先准备好氮、磷、钾等养分的母液，然后根据计算的比例抽取母液混合，然后用

---

* 亩为非法定计量单位，1公顷=15亩，后同。——编者注

槽罐车运送到田间的灌溉首部。灌溉首部通常放置 5 吨或者更大的肥料储罐，用泵将槽罐车上的配方肥泵入肥料桶。然后通过各种施肥方法将液体配方肥加入灌溉系统。在有灌溉设施的地方，最精准的施肥方案是根据土壤分析数据和作物养分需求数据经过计算得到的。根据这些数据现场配肥才是最符合实际的。液体配肥站能显著降低液体肥料销售成本，将技术服务物化到产品中，是液体肥料销售的新模式。

通常液体配肥站的氮母液采用尿素硝铵溶液（含氮 28%～32%），可根据不同的销售区域选择不同盐析温度的配比。美国液体配肥站广泛使用聚磷酸铵（APP）作为磷源。热法磷酸生产的聚磷酸铵养分比例为 11-37-0（$N-P_2O_5-K_2O$），湿法磷酸生产的比例为 10-34-0。聚磷酸铵的好处是与氮、钾等原料的相容性好，本身的盐析温度低，聚磷酸还有螯合中微量元素的能力。工业级磷酸一铵也是配制磷母液的原料，一般配成含五氧化二磷（P_2O_5）13%左右的母液。大部分情况下钾母液用氯化钾配制，一般氧化钾（K_2O）含量为 13%。除氮、磷、钾外，还可以制备中量元素母液，一般用硫酸镁、硝酸镁、硝酸钙做原料。微量元素母液用复合型微量元素配制，含有多种微量元素。液体有机质（如氨基酸、黄腐酸、海藻多糖等）也常常作为母液储备。

（四）我国水溶性复混肥料产品的市场现状

随着国家节水农业、生态环保农业政策的出台，节肥节水的水肥一体化技术得到快速普及，推动了水溶性复混肥料的发展。我国水溶性复混肥料产量逐年增长。数据显示，2010 年我国水溶性复混肥料年产量为 60 万吨，而 2011 年、2012 年、2013 年、2014 年和 2015 年分别为 159 万吨、230 万吨、296 万吨、309 万吨和 370 万吨。与 2010 年相比，2015 年的产量提高了 5 倍（图 1-5）。我国水溶性复混肥料产能的年均增长率仍会保持较高的水平（估计在 20%以上）。

一旦水溶性复混肥料应用到大田作物，将有巨大的市场空间。尤其是高塔造粒的水溶性复合肥及配肥站生产的粉剂、颗粒和液体

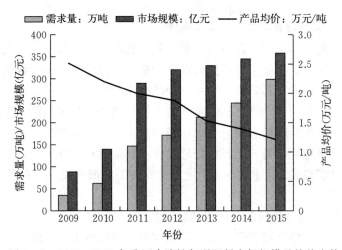

图 1-5 2009—2015 年我国水溶性复混肥料市场规模及均价走势

配方肥是大田作物首选的水溶肥。

（五）我国水溶性复混肥料发展存在的主要问题

1. 缺乏推广应用的专业技术人才

我国在水溶性复混肥料的研发和生产方面并不落后，市场上产品琳琅满目。绝大部分企业面临的都是市场推广问题。水溶肥料与常规肥料在用法上存在明显差别。农户缺乏水溶性复混肥料的知识，急需技术人员的指导。水溶性复混肥料主要是借助灌溉设施应用，必须了解通过灌溉系统施肥的基本要求，否则就会造成肥料的淋洗或者肥料烧根烧苗。目前，严重缺乏指导农户科学用肥的人才，这是限制我国水溶肥料发展的最大制约因素。

2. 技术培训资源严重不足

作物在各生长阶段的需肥特点不同，土壤条件不同，灌溉条件不同，因此不存在一套统一的施肥方案。而这些不同的水肥管理方案需要专业人员制定。专业人才的缺乏只有通过培训解决。可惜的是目前我国还没有专门机构来系统培训水肥一体化技术和水溶肥料应用的专业人才，大量培训都是零散的、片段的、缺乏实操的。农户和技术人员无法学到真正实用的知识和技能。因而，我国急需建立一批专业的农化服务培训机构。

3. 灌溉设备和施肥设备不配套

水肥一体化技术设备包含灌溉和施肥两部分。目前灌溉设备基本得到保障，但施肥设备则存在选型错误、配置不合理，导致施肥效率低，影响肥料效果。如我国广泛应用的施肥罐，就不利于精准施肥，它是国外 20 世纪 80 年代的产品，国外已基本淘汰。灌溉设计部门在设计时没有充分考虑用肥的种类、用肥的数量和用肥的频率来选择施肥设备、肥料的处理设备（如减速机搅拌装置）和储存设备（肥料罐、肥料池），导致投资安装的灌溉施肥系统效果不尽如人意。

4. 重视设备投入，轻视技术服务

水肥一体化技术包含设备投入和水肥管理技术两方面内容。大部分灌溉企业只负责安装设备，并不提供水肥管理的技术服务。然而，大多数农户的水肥管理水平有限，且我国缺乏一批纯技术服务的企业，导致水肥管理知识传播受阻。目前，提供服务的主要是水溶肥料企业的销售人员，技术服务的成本也计入了肥料销售价格中，这也是我国水溶肥料价格较高的一个原因。同时，许多政府部门建设的水肥一体化示范基地只有设备的支出，没有技术服务的预算，这也是我国水肥一体化技术推广缓慢的原因之一。

第二节　水溶性复混肥料的种类及其优缺点

一、水溶性复混肥料的种类

（一）固体水溶性复混肥料

根据肥料的形态，固体水溶性复混肥料可分为粉剂型和颗粒型。从水溶肥料的溶解速率来看，粉剂的溶解性要优于颗粒的，但粉剂水溶性复混肥料容易吸潮结块。若做成颗粒状后，可降低肥料颗粒的接触面积，能有效缓解结块问题。

粉剂复混肥多采用物理混配制成，生产工艺相对简单。通过物理混配生产的产品，质量指标主要考虑吸潮、结块、水不溶物含量等。

此外，物理混配型水溶肥料采用的原料在形状、粒度、色泽等方面参差不齐，因此要严格控制其产品外观性状。目前，为了提升固体水溶性复混肥料的施用效果，在其中添加一定的生物活性物质，如在尿素表面包裹海藻酸、腐植酸、氨基酸等制成增值尿素。这些增值尿素是水溶性复混肥料的氮原料。

（二）液体水溶性复混肥料

根据液体水溶性复混肥料的外观性状，可分为清液型和悬浮型。液体水溶性复混肥料对水不溶物含量的要求比固体产品要求高，特别是清液型，常选用几乎全水溶的原料，这大大提高了成本。清液型常用于滴灌、叶面喷施等用途。悬浮型水溶性复混肥料克服了清液型养分含量低的不足，氮、磷、钾养分含量高达45％以上。在悬浮状态，肥料并没有溶解，而是以细微粒子悬浮在液相中。

液体水溶性复混肥料可有效解决固体形态易吸潮、结块、微量元素含量低等一系列的问题，也可在其中灵活添加易吸潮的生物刺激素等活性物质，从而制成多功能肥料，以满足作物的不同需求。与固体形态相比，清液型养分含量低，这大大增加了肥料的运输成本。但目前出现的液体配肥站模式，可就近配肥，很好地解决了这一难题。

二、水溶性复混肥料的优缺点

（一）水溶性复混肥料的优点

与常规肥料相比，水溶性复混肥料具有以下优点：

1. 配方灵活，养分全面

我国的作物种类丰富，不同作物对营养元素的需求和吸收规律是不同的。我国的土壤种类多，不同土壤在物理化学性质上存在显著差异。针对作物和土壤生产配方肥是精准施肥的有效措施。相对于复合肥，液体水溶性复混肥料加工工艺简单，配方易调整，可以根据不同作物和不同土壤地力情况来设计配方，并可简单方便添加各种中微量元素和生物刺激素类物质，配方灵活，养分全面。水溶性复混肥料是一种速效肥料，可以让种植者较快地看到肥料的表现和效果，随时可以根据作物长势对水溶性复混肥料配方作出调整。

2. 肥效迅速，养分利用效率高

根系是作物吸收养分的主要部位，肥料养分只有到达根区才能被根系吸收。肥料养分在土壤中的迁移方式主要有两种，一种是质流，另一种是扩散。而这两种迁移方式都需要水的参与，养分是伴随着水的流动而迁移到根区附近的。颗粒复混肥和颗粒配方肥是通过撒施、沟施、穴施等方式施用的，灌溉和施肥分开，肥料养分难以抵达根区，大部分无法被作物吸收利用。而水溶肥料是溶解水后通过淋施、浇施、喷施、滴灌施等方式施用，养分更容易到达根区，吸收效率大幅度提高，肥效快而显著。

3. 方便用于灌溉系统施肥

水溶性复混肥料是灌溉施肥系统的首选肥料。只有溶解的肥料才不会堵塞过滤器和滴头，从而保障灌溉系统安全高效运行。

4. 操作简单，使用便捷

在没有机械撒施的情况下，施用颗粒肥是依靠人力将一包包的肥料搬运到田间撒施，这样不仅效率低，而且成本高。如通过灌溉管道系统施用，则施肥变得方便，施肥轻松又省工。如果采用液体肥料还可以自动化施肥。

5. 养分均匀，质量稳定

液体水溶性复混肥料养分均匀一致，质量稳定。不论是清液型还是悬浮型，其特殊的生产工艺，使其在生产过程中都可以保证同一批次产品的一致性。在产品出厂检测过程中，检测人员只需测定pH、电导率（EC）、密度、黏度等指标，即可快速进行质量检测。每一种肥料原料在溶于水中时都会有特定的pH。当配方固定后，该配方的pH也是固定的。测定溶液pH快速简单。电导率代表肥料溶液的浓度，配方稳定后则其稀释一定倍数的电导率也是固定的。用电导率仪测定电导率简单快速。测定溶液的密度也简单快速。通过上述几个速测指标能够迅速判断出原料添加量是否存在问题。

复混肥料是以现成的单质肥料（如尿素、磷酸铵、硝酸铵、氯化钾、硫酸钾、普通过磷酸钙、硫酸铵、氯化铵等）为原料，辅之以添加物，混合、加工、造粒而制成的肥料，相对水溶性复混肥料而言，很难达到质量的一致性。不同原料之间是存在密度差异性的，如尿素颗粒的密度就要远低于其他一些肥料原料的密度，而且不同原料之间颗粒的大小也存在差异，这导致在运送、过筛、搅拌和造粒过程中出现混合不均匀的情况。因此，复混肥料出厂前，必须进行多点抽样检测肥料颗粒中的养分含量，检测工作量大，耗工费时。

6. 可与农药、生长调节物质混合施用，简化农事操作

水溶性复混肥料可以与农药、除草剂和杀虫剂一同混合施用，肥药在水中能够得到充分混合，保证液体中的养分和农药都可以达到高度的一致性。一方面，可以节省施肥和打药的劳力成本；另一方面，营养成分与农药配合使用，能够缓解农药对作物的伤害，促进作物快速生长。

除此之外，水溶性复混肥料还可与多种天然活性物质、可溶性土壤调理剂及植物生长调节剂混合使用。其混合的均匀性及对其他物质的相容性是常规肥料难以达到的。只要添加的物质不会与肥液发生反应（即改变肥料理化性质），均可与水溶性复混肥料混合一同施用。

7. 可与多种灌溉施肥技术相结合，提高施肥效率和均匀性

水溶性复混肥料可以与滴灌、微喷灌、喷灌等多种现代化灌溉方式相结合，实现水肥一体化。首先可以提高施肥效率，节省人工。一直以来，给作物施肥是农事管理中一项耗工费时的工作。如在华南地区的香蕉生产中，有些产地的年施肥次数达 18 次之多；一些树体较大的木本果树常采用挖沟埋肥的方式。常规肥料大多水溶性不佳，很难与灌溉设施配套使用，而水溶性复混肥料可以满足各种灌溉设施对施肥的要求，在施肥的同时，确保灌溉系统正常运行。

其次，通过灌溉设施施肥，只要灌溉系统是均匀的，则施肥也是均匀的。这样可以保障每一棵植株得到的养分是均匀一致的。

8. 减少肥料生产中的能源消耗，降低环境污染和生产成本

水溶性复混肥料生产以原料混配工艺为主，生产成本低，一般不产生废气、废水、废渣等，无粉尘和烟雾，生产过程中污染小，净化设备投资少。生产液体肥料的工艺简单，对原材料的要求不高，无须进行干燥、造粒、筛分等过程，其投资规模相当于固体肥料生产工厂的50％。此外，液体肥料的生产和应用，可以大幅度减少包装成本。目前，成熟的液体肥料配送模式快速发展，几十吨的槽罐车直接将液体肥料运输到农场，现配现用。

（二）水溶性复混肥料的不足之处

1. 水溶性复混肥料的施用依赖于灌溉设施

水溶性复混肥料通常是兑水施用的。兑水后通过人工浇施、淋施、喷施等方式施入作物根部，或者通过灌溉设施施用，如滴灌、微喷灌和喷灌施用。随着人工成本越来越高，水溶肥料通过灌溉设施施用的比例越来越大。在灌溉设施缺乏的地方，水溶肥料难以推广。

2. 液体形态的复混肥料运输不便，运输成本高

与固体肥料相比，运输相同养分含量的肥料，液体肥料的重量要远超过固体肥料。特别是清液型液体肥料，水占据了较大的比例。液体肥料的运输成本要高于固体肥料。液体肥料是呈流体态的，这也决定了液体肥料的运输不能像固体肥料运输那样简单，它必须装在特定的槽罐车或结实耐摔的塑料桶中。由于液体肥料含水的原因，导致液体肥料不宜长距离运输。

3. 价格较高，抑制市场需求

目前，我国水溶性复混肥料价格普遍较高。市场上出现了每吨零售价达到数万元的肥料，远超常规复混肥料的价格。一方面，水溶性复混肥料生产过程中对原料的要求较高，需要全溶或绝大部分可溶、重金属含量低的原料，符合要求的原料价格相对较高；另一方面，水溶肥料在应用时需要更多的技术服务，服务成本计入了肥料价格。加上经销商和零售商追求较高的利润，导致我国水溶性复混肥料市场价格整体偏高。高价限制了其在玉米、小麦等经济价值较低的作物上的应用。

4. 施用技术要求更高

水溶性复混肥料是兑水施用，大部分情况下直接施入根部土壤。由于植物根系对肥料浓度非常敏感，需要掌握合适的浓度。各地灌溉水质不同，对肥料的选择也不同。制定水溶肥料的施肥方案要考虑土壤养分状况、作物的营养规律、灌溉模式等，需要更多的技术指导。

第三节 水溶性复混肥料的原料选择及生产

一、水溶性复混肥料的原料选择

水溶性复混肥料原料选择的两个重要考量指标是原料的溶解速率和水不溶物含量。水溶性复混肥料对原料的溶解速率要求比较高，常常优先选择一些在常温下容易溶解的原料。由于水溶性复混肥料常常通过灌溉设备施用，喷灌、滴灌、冲施等施用方法对水不溶物含量的要求也不一样。

（一）常见氮源及其理化性质

常用的氮源有：尿素、磷酸尿素（磷酸脲）、硝酸铵、尿素硝铵溶液等（表1-1）。

表1-1 用于水溶性复混肥料生产的氮肥种类

肥料	养分比例 (N-P_2O_5-K_2O)	分子式	pH (1克/升, 20℃)
尿素	46-0-0	$CO(NH_2)_2$	5.8
磷酸尿素[①]	17-44-0	$CO(NH_2)_2 \cdot H_3PO_4$	4.5
硝酸钾	13-0-46	KNO_3	7.0
硫酸铵	21-0-0	$(NH_4)_2SO_4$	5.5
氯化铵	25-0-0	NH_4Cl	7.2
氮溶液[②]	32-0-0	$CO(NH_2)_2 \cdot NH_4NO_3$	6.9

（续）

肥料	养分比例 （N－P$_2$O$_5$－K$_2$O）	分子式	pH （1 克/升，20 ℃）
硝酸铵	34－0－0	NH$_4$NO$_3$	5.7
磷酸一铵	12－61－0	NH$_4$H$_2$PO$_4$	4.9
磷酸二铵	21－53－0	（NH$_4$）$_2$HPO$_4$	8.0
聚磷酸铵 （液体）	10－34－0 （或 11－37－0）	（NH$_4$）$_{(n+2)}$P$_n$O$_{(3n+1)}$	7.0
硝酸钙	15－0－0	Ca（NO$_3$）$_2$	5.8
硝酸镁	11－0－0	Mg（NO$_3$）$_2$	7.0
硝酸铵钙[③]	15.5－0－0	5Ca（NO$_3$）$_2$·NH$_4$NO$_3$·10H$_2$O	7.0

注：肥料溶液 pH 的测定结果受水质 pH 的影响，会存在一定差异。

① 磷酸尿素也叫磷酸脲。

② 氮溶液由尿素和硝酸铵配制，也叫尿素硝铵溶液。

③ 硝酸铵钙不同厂家产品存在较大养分差别。

尿素是灌溉系统使用最多的氮肥。其溶解性好，养分含量高，无残渣，与其他肥料的相容性好，容易购买。

磷酸尿素由湿法磷酸与尿素溶液反应，也可由稀磷酸与尿素反应，经溶液浓缩、离心分离、干燥，制得磷酸尿素成品。外观呈无色透明棱柱状结晶，易溶于水。水溶液呈强酸性，1％水溶液的pH 为 1.89，非常适合在碱性土壤上施用。

硫酸铵、氯化铵都是较常见的氮肥，溶解性好，无残渣。硫酸铵与氯化铵可以用于配制低端液体肥，但对于氯敏感作物，氯化铵要慎用。

尿素硝铵溶液（urea ammonium nitrate solution），简称 UAN溶液，国外也称为氮溶液（N solution），是由尿素、硝酸铵和水配制而成。在国际市场上一般有 3 个等级的尿素硝铵溶液销售，即含氮 28％、30％ 和 32％。不同含量对应不同的盐析温度，适合在不同温度地区销售。在尿素硝铵溶液中，通常硝态氮含量在 6.5％～7.5％，铵态氮含量在 6.5％～7.5％，酰胺态氮含量在 14％～17％，具体理化性质如表 1-2 所示。

表 1-2 不同含氮量的尿素硝铵溶液常见配比

原料	28% N	30% N	32% N
硝酸铵（%）	41	44	47
尿素（%）	32	34	37
水（%）	27	22	16
比重（克/毫升）	1.28	1.30	1.32
盐析温度（℃）	−18	−10	−2

尿素硝铵溶液将三种氮源集中于一种产品，可以发挥各种氮源的优势。硝态氮可以提供即时的氮源，供作物快速吸收。铵态氮一部分被即时吸收，一部分被土壤胶体吸附，从而延长肥效。尿素水解需要时间，尤其在低温下通常起到长效氮肥的作用。为减少氮的淋溶损失，现在在尿素硝铵溶液中通常会加入硝化抑制剂和脲酶抑制剂。

硝酸铵溶解性好，铵态氮与硝态氮平衡，是灌溉用的优质氮肥，与其他肥料的相容性好。但为解决硝酸铵的安全问题和硝酸钙的吸潮问题，现在市场上有一种硝酸铵钙的肥料，由于生产工艺不同，其组成存在一定的差别。通常为白色圆粒，溶解性好。目前，硝酸铵钙的生产方法主要有两种：一种是硝酸铵和碳酸钙混合法，另一种是氨化硝酸钙生产法。一些硝酸铵钙含有少量镁。

硝酸钙和硝酸镁不但提供硝态氮肥，还提供中量元素钙、镁，溶解性好，无渣。缺点是吸潮严重，包装一定要密封。

（二）常见磷源及其理化性质

很多氮源同时也是磷源，例如磷酸尿素、聚磷酸铵、工业级磷酸一铵和磷酸二铵等。除此之外，磷酸和磷酸二氢钾也是液体肥料生产中重要的磷源。

磷酸具一定的腐蚀性，酸性强，磷含量变幅大，在生产中一般不建议大量使用。磷酸二氢钾溶解性好，养分含量高，既是很好的磷源也是重要的钾源，但价格昂贵，一般不建议使用磷酸二氢钾作为磷源。表 1-3 是一些可用于水溶性复混肥料生产的磷肥种类。

表 1-3 可用于水溶性复混肥料生产的磷肥种类

肥料	养分比例 (N - P$_2$O$_5$ - K$_2$O)	分子式	pH (1 克/升，20 ℃)
磷酸	0 - 52 - 0	H$_3$PO$_4$	2.6
磷酸二氢钾	0 - 52 - 34	KH$_2$PO$_4$	5.5
磷酸尿素	17 - 44 - 0	CO (NH$_2$)$_2$ · H$_3$PO$_4$	4.5
聚磷酸铵（液体）	10 - 34 - 0 （或 11 - 37 - 0）	(NH$_4$)$_{(n+2)}$P$_n$O$_{(3n+1)}$	7.0
磷酸一铵	12 - 61 - 0	NH$_4$H$_2$PO$_4$	4.9
磷酸二铵	21 - 53 - 0	(NH$_4$)$_2$HPO$_4$	8.0

水溶肥料中通常选用工业级磷酸一铵和磷酸二铵，外观白色结晶状。根据《工业磷酸二氢铵》（HG/T 4133—2010）可分为三类：11.8-60.8-0、11.5-60.5-0 和 11-59.2-0，其中水不溶物含量限定分别为≤0.1％、≤0.3％和≤0.6％。用工业级磷酸一铵制作水溶肥料，后续还需要向其中添加螯合态的中微量元素，从而导致水溶肥料的成本较高。四川大学在湿法磷酸氨化中和生产磷酸一铵的基础上，通过在净化工段添加螯合剂，原位螯合利用湿法磷酸中金属阳离子，生产含中微量元素的磷酸一铵，构建了原位螯合水溶性磷酸一铵肥料生产技术，首创原位磷酸铵产品，极大提高了磷的回收率，并降低了生产成本。农用磷酸一铵和磷酸二铵因含有大量的杂质不能用于液体肥料生产。表 1-4 为不同磷酸一铵中养分含量和水不溶物。

表 1-4 不同等级磷酸一铵中养分含量和水不溶物含量（％）

项目	农用	原位	工业
N	11.45	11.51	12.2
P$_2$O$_5$	47.68	51.94	61.3
S	1.72	1.66	0.07

（续）

项目	农用	原位	工业
Ca	0.16	0.15	—
Mg	0.74	0.43	—
Fe	1.52	0.75	—
Cu	0.0003	0.0003	—
Mn	0.069	0.1	—
Zn	—	0.22	—
B	—	0.17	—
水不溶物①	26.28	0.31	0.18

注：①水不溶物测定用 G4 坩埚。

　　目前，用于固体和液体水溶肥料生产最广泛的磷源是工业级磷酸一铵。如果液体肥料发展起来，将会大量使用聚磷酸铵作为磷源。聚磷酸铵又称多聚磷酸铵或缩聚磷酸铵，无毒无味，溶解性好，既是磷源也是氮源。聚磷酸铵是由湿法或热法聚磷酸在高温下与氨气反应生成的化合物。热法磷酸生产的聚磷酸铵养分比例为 11-37-0，湿法磷酸生产的为 10-34-0。其中，聚磷酸是由正磷酸聚合而成，根据聚合度的大小可以分为二聚、三聚、四聚或多聚磷酸。聚磷酸铵的水解特性影响产品的稳定性。在水解过程中，高聚合度变为低聚合度。聚合度的改变会影响其螯合性能和肥效。因此，国外建议聚磷酸铵产品现配现用或现购现用，不做长时间保存。大量的田间试验表明，聚磷酸铵在酸性土壤上与磷酸一铵肥效相当，但在石灰性土壤上肥效好于磷酸一铵。在聚磷酸铵短缺的情况下，应优先推荐其用于石灰性土壤上，以发挥最佳肥效。

（三）常见钾源及其理化性质

　　氯化钾有白钾和红钾之分。加拿大生产氯化钾时，将钾矿石粉碎加工包装，产品中含有氧化铁等不溶杂质，不适合用于生产水溶性复混肥料。以含钾盐湖卤水和制盐卤水生产的氯化钾，颗粒细腻，含杂质少，溶解性好，适合用于灌溉施肥，同时也是生产液体水溶性复混肥料的重要钾原料。产自我国察尔汗盐湖和罗布泊盐湖及死海的氯化钾可以用于配制液体肥料。氯化钾中含有较高含量的氯，采用氯化钾作为钾源生产的水溶性复混肥料，应尽量避免在盐碱土和对氯敏感作物上大量施用。有些植物对氯离子非常敏感（如烟草），当吸收达到一定浓度后，会明显地影响品质。但非盐碱土地区和绝大部分对氯不敏感的作物，施用氯化钾是安全的。一些书上出现"忌氯作物"的叫法，这是错误的。氯是植物必需的营养元素，在植物体内的含量达到中量元素的水平，有很多的生理功能。"忌氯作物"的直观含义就是作物忌讳氯元素，不能施用含氯肥料，这是明显错误的，是一种极端的概念。"忌氯作物"的错误概念在我国长时间流行，误导了农民对肥料的选择，也限制了水溶性复混肥料的发展。各种肥料在过量施用的情况下对作物和土壤都是有害的。含氯水溶性复混肥料是兑水施用，浓度安全。加上少量多次用，不易产生盐害。

硫酸钾虽然也能够全水溶，但溶解速率和溶解度要远低于氯化钾，使用时要不断搅拌，大规模生产效率低，不建议使用。特别在配制液体肥料时，基本不选用硫酸钾。现市场上有水溶性硫酸钾出售，但该产品酸性强，价格昂贵，使用时要注意酸性可能对灌溉首部系统带来的腐蚀作用。

硝酸钾是用于水溶性复混肥料生产的优质原料，溶解快，无杂质，性质稳定，既是氮源也是钾源，缺点是价格太贵。表1-5是一些可用于水溶性复混肥料生产的钾肥种类。

表1-5 可用于水溶性复混肥料生产的钾肥种类

肥料	养分比例（$N-P_2O_5-K_2O$）	分子式	pH（1克/升，20℃）
氯化钾	0-0-60	KCl	7.0
硝酸钾	13-0-46	KNO_3	7.0
硫酸钾	0-0-50	K_2SO_4	3.7
磷酸二氢钾	0-52-34	KH_2PO_4	5.5

(四) 常见中微量元素肥料及其理化性质

中微量元素原料中，绝大部分溶解性好，杂质少。钙肥常用的有硝酸钙、硝酸铵钙、氯化钙等。镁肥常用的有硫酸镁，溶解性好，价格便宜。硝酸镁由于价格昂贵较少使用。现在硫酸钾镁肥越来越普及，既补钾又补镁。硼酸和硼砂在常温下溶解度很低，但在生产中添加量较少，因此其溶解度低不是限制因素。

其他微量元素大多数以乙二胺四乙酸（EDTA）或二乙基三胺五乙酸（DTPA）或乙二胺二邻羟苯基乙酸（EDDHA）等螯合形态添加，效果要优于硫酸盐形态。如采用聚磷酸铵作为原料，由于聚磷酸铵已螯合一部分中微量元素，也可以减少中微量元素的添加量（表1-6）。

表1-6 用于水溶性复混肥料生产的中微量元素肥料（20 ℃）

肥料	养分	含量（%）	分子式	100 克水中的溶解度（克）
硝酸钙	Ca	19	$Ca(NO_3)_2 \cdot 4H_2O$	100
硝酸铵钙	Ca	19	$5Ca(NO_3)_2 \cdot NH_4NO_3 \cdot 10H_2O$	易溶
氯化钙	Ca	27	$CaCl_2 \cdot 2H_2O$	75
硫酸镁	Mg	9.6	$MgSO_4 \cdot 7H_2O$	26
氯化镁	Mg	25.6	$MgCl_2$	54
硝酸镁	Mg	9.4	$Mg(NO_3)_2 \cdot 6H_2O$	42
硫酸钾镁	Mg	5～7	$K_2SO_4 \cdot MgSO_4$	易溶
硼酸	B	17.5	H_3BO_3	6.4
硼砂	B	11.0	$Na_2B_4O_7 \cdot 10H_2O$	2.10
水溶性硼肥	B	20.5	$Na_2B_8O_{13} \cdot 4H_2O$	易溶
硫酸铜	Cu	25.5	$CuSO_4 \cdot 5H_2O$	35.8
硫酸锰（酸化）	Mn	30.0	$MnSO_4 \cdot H_2O$	63
硫酸锌	Zn	21.0	$ZnSO_4 \cdot 7H_2O$	54
钼酸	Mo	59	$MoO_3 \cdot H_2O$	0.2
钼酸铵	Mo	54	$(NH_4)_6Mo_7O_{24} \cdot 4H_2O$	易溶

（续）

肥料	养分	含量（%）	分子式	100 克水中的溶解度（克）
螯合锌	Zn	5.0～14.0		易溶
螯合铁	Fe	4.0～14.0		易溶
螯合锰	Mn	5.0～12.0		易溶
螯合铜	Cu	5.0～14.0		易溶

（五）生物刺激素

除了上述养分原料外，生物刺激素类物质在水溶性复混肥料中添加非常普遍。大部分生物刺激素类物质具有吸潮特性，在固体水溶肥料中添加不方便，在液体肥料中不用考虑这一特性。后面叙述的主要是在液体肥料中的添加。有些生物刺激素用量极少，在固体肥料中混合不均匀，液体肥料中则混配非常均匀。一般将生物刺激素分为：腐植酸类物质、蛋白质水解产品（如氨基酸、多肽、寡肽等）、海藻提取物、甲壳素和壳聚糖衍生物、微生物及其代谢物、植物提取物等。目前，市场上大部分的液体肥料都不是纯养分的，添加了各种生物刺激素，构成了丰富的液体肥料产品。

腐植酸类物质又分为矿物源腐植酸和生化腐植酸，其相对分子质量从几百到几百万不等，结构中含有羧基、羟基、酚羟基等多种官能团。其溶解度顺序为：黄腐酸＞棕腐酸＞黑腐酸。腐植酸可刺激作物生长，提高作物抗逆能力，促进土壤团粒结构的形成，也可作为土壤调理剂。

蛋白质水解产品的种类多。氨基酸在生物体内构成蛋白质分子，与生命活动密切相关。组成蛋白质的氨基酸约有 20 种。不同的氨基酸有不同的生理作用，如谷氨酸能促进种子萌发，提高光合作用；精氨酸能促进植物根系发育，提高作物抗盐胁迫的能力；酪氨酸能增加植物抗旱性，促进花粉萌发等。多肽是蛋白质水解的中间产物，是由一定数量的氨基酸通过肽键连接而成的有机物，氨基酸残基数一般少于 50 个。而寡肽或小肽的氨基酸残基数少于 10

个。相对分子质量小的低聚肽可作为植物内源激素，直接被吸收利用，具有调节植物生理、提高植物免疫力、螯合微量元素的功能。聚谷氨酸通过不同的聚合方式，可分为两种构型：α-聚谷氨酸（α-PGA）和γ-聚谷氨酸（γ-PGA），聚谷氨酸具有保水保肥和促根抗逆等功能。

大量应用的海藻是褐藻、红藻、绿藻等，主要活性成分有海藻多糖、甘露醇、甜菜碱、酚类化合物、内源激素和多种矿质元素等，有促进生根、保花保果、提高植物抗逆性等作用。

甲壳素和壳聚糖衍生物的来源可分为昆虫和甲壳类动物外骨骼、真菌类细胞壁等。其中，壳寡糖可溶于水和稀酸，具有诱导抗病性、抗寒性，促进碳氮代谢，提高叶绿素含量，提高果实耐储存性等功能。

微生物及其代谢产物应用广泛。在液体肥料中常用的微生物有解淀粉芽孢杆菌、地衣芽孢杆菌、巨大芽孢杆菌、胶质芽孢杆菌、哈茨木霉、淡紫拟青霉、白僵菌等。微生物代谢产物是微生物在生长繁殖过程中产生的初级代谢产物和次级代谢产物。例如，芽孢杆菌主要产生氨基多肽等抗生素。这些抗生素对许多作物的土著性病原菌有抑制或杀死的作用。微生物代谢产物中含有植物生长调节物质、铁载体、甘露醇等，这些能促进植物生长，增强植物抗逆性。

二、水溶性复混肥料的生产

利用不同比例的氮、磷、钾原料，结合土壤分析和作物的营养特点，可以配制多种水溶性配方肥产品。

（一）固体水溶性复混肥料的生产

固体水溶性复混肥料主要考虑肥料间的相容性。肥料间的相容性主要是指掺混在一起的肥料间不会发生化学反应。例如，含铵态氮的肥料（如硝酸铵、硫酸铵、磷酸铵等）不适合与碱性肥料混合，以免产生氨挥发，造成氮素损失；水溶性磷肥一般不能与无机钙盐混合，以免发生磷和钙的沉淀。吸潮和结块是粉剂水溶肥料生产中的主要问题。为了克服这一问题，尽可能选择吸湿性小的原料。通常在肥料的混合和包装空间安装抽湿机，尽量降低空气湿度。包装袋也要注意密封性，防止水气入渗。在添加微量元素时，微量元素的细度一般要求在 100 目以上，以保证混合均匀。而某些微量元素（如钼、硼）施用过量将对作物的生长造成负面影响，因此在生产粉剂水溶性复混肥料过程中要特别注意混合的均匀性。

固体水溶性复混肥料的主要生产流程包括配料、提料、混合、出料、包装等步骤。掺混法生产的粉剂水溶性复混肥料工艺相对简单。颗粒水溶性复混肥料目前最常用的工艺是塔式造粒工艺，用塔式工艺生产也可以加入中微量元素以达到标准要求。但受生产工艺限制，这类产品的配方设计有一定的局限性。

（二）液体水溶性复混肥料的生产

液体水溶性复混肥料配制的主要原理是原料的溶解度和相容性。

1. 原料的溶解度

液体水溶性复混肥料的溶解度主要受水、原料的性质及温度的影响。配制肥料过程中主要通过选择不同溶解度的原料和调节反应温度来达到快速溶解原料的目的。例如，在 20 ℃时 100 克水中氯化钾的溶解度为 34 克，硫酸钾的溶解度为 5.3 克。在配制时首选溶解度高的原料。此外，还可通过调节各个化合物之间的配比，来提高整个体系中各化合物的溶解度。图 1-6 为不同温度下氨-磷酸-水体系的溶解度，在一定的氨和磷酸物质的量比下，随着温度的升高，氨-磷酸在水中的溶解度逐渐增大。图 1-7 显示了尿素-氯化钾在水中的溶解相图。不同养分含量的尿素硝铵溶液的溶解度有很大差异，在配肥时要充分考虑溶液中各组分的溶解度，以达到最优配比。在液相环境下，养分元素处于过饱和状态，化合物的溶解度影响液体水溶性复混肥料中晶体的形成，特别是在低温环境下，溶解度低的化合物随着温度的降低易从溶液中析出，形成结晶。

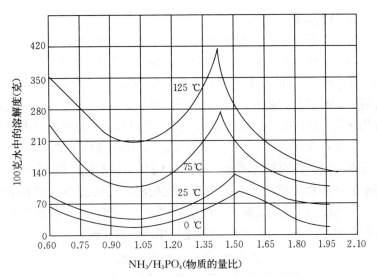

图 1-6　氨-磷酸-水体系的溶解度

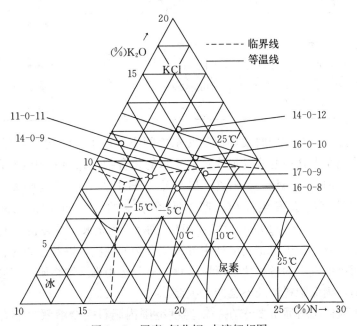

图 1-7　尿素-氯化钾-水溶解相图

2. 原料间的相容性

液体肥料配制时应首先考虑水的质量，包括 pH、硬度、可溶性盐含量、钠含量、有毒元素和化合物及营养元素的含量等。例如，在 pH＞8.5 的水中通常存在大量的碳酸氢盐和碳酸盐，而高含量的碳酸氢盐和碳酸盐易结合 Ca^{2+} 和 Mg^{2+}，容易在水中形成难溶化合物。在水 pH 较高的地区，建议先对水进行前处理后再进行配肥。某些地区的水中含有较高的 Ca^{2+}，在用这些水进行配肥时，要特别注意含磷原料的添加，防止与 Ca^{2+} 形成沉淀。表 1-7 给出了水的硬度划分标准。在使用硬水配肥时，可通过调整配方中的 Ca^{2+} 和 Mg^{2+} 的用量及加入稀酸来对水进行处理。而有些地方的水中存在过多的重金属离子，则不建议用这些水来配肥。

表 1-7　水的硬度划分标准

硬度	相当于 CaO 含量（毫克/升）	名称
0°～4°	0～40	极软水
4°～8°	40～80	软水
8°～16°	80～160	中硬水
16°～30°	160～300	硬水
＞30°	＞300	极硬水

此外，在配肥时要确保各元素之间不会产生难溶性的化合物。有些离子混在一起容易形成难溶于水的化合物，如溶液中的 Ca^{2+}、Fe^{2+}、Mn^{2+}、Mg^{2+} 等阳离子与 SO_4^{2-}、$H_2PO_4^-$、OH^- 等阴离子在浓度较高时会发生反应，产生难溶于水的化合物［如 $CaSO_4$、$Ca_3(PO_4)_2$、$Fe_3(PO_4)_2$、$Mg(OH)_2$ 等］。液体水溶性复混肥料在配制时要充分了解肥料溶液中各种化合物的性质，以及这些化合物之间可能发生的各种化学反应过程。充分运用难溶性物质的溶度积法则，确保肥料溶液不会产生沉淀。

液体肥料通常要求在一定温度范围内肥料完全溶解且储存稳定，不结晶，不沉淀。生产时，将几种基础肥料及其他原料按产品的养分比例及先后顺序混合，充分搅拌，使基础肥料完全溶解并混合均匀，冷却后进行分装。

生产清液肥料的原料全部都适合于生产悬浮肥料。清液肥料的养分是以溶解后的离子或者分子状态存在于液相环境中，但悬浮肥料的养分主要是以分子形态悬浮于胶体环境，大部分以微小的颗粒处于悬浮状态。起到这种粒子悬浮作用的物质叫悬浮剂。悬浮液体肥料的生产是在原料混合的基础上添加悬浮剂，充分搅拌均匀，然后经胶体磨研磨剪切，形成悬浮态。

下面是以氮、磷、钾养分为主，用聚磷酸铵作为磷源配制的清液配方肥（表 1-8）和悬浮配方肥（表 1-9）。

表 1-8   清液液体肥料常见配方（千克/吨）

养分比例 ($N - P_2O_5 - K_2O$)	尿素硝铵溶液 （32% N）	聚磷酸铵 （10-34-0）	氯化钾 （白色粉剂）	水
8-8-8	176.5	235.5	129	459
7-21-7	25.5	617.7	113	211.8
3-9-9	11.0	264.5	145	579.5
12-16-4	228	470.5	64.5	237
9-3-6	253.5	88.5	97	561
12-12-3	265.5	353	48.5	333

表 1-9   悬浮液体肥料常见配方（千克/吨）

养分比例 ($N - P_2O_5 - K_2O$)	尿素硝铵溶液 （32% N）	聚磷酸铵 （10-34-0）	氯化钾 （白色粉剂）	悬浮剂	水
7-21-21	30	618	340	12	0
21-7-7	632	206	113	33	16
9-20-20	98.5	526	320	12	43.5
20-5-15	579	147	242	22	10

生产液体肥料的设备主要有储罐、混合装置、计量设备、管道、化工泵、自动控制设备和包装设备等。储罐可选择玻璃钢、碳

钢，或用混凝土做储池。在生产场地不受限制的情况下，也可以挖土坑，土面用防渗布防漏。碳钢存在严重的腐蚀问题，寿命短，防腐不好还可能引发安全事故。一般选用玻璃钢，不存在腐蚀问题。储罐的大小、数量与产能和配方数量有关。储罐有立式和卧式，可以竖立于地面，也可以建地下储池。混合装置多采用反应釜，选择不锈钢材料（当采用氯化钾做原料时建议采用 316 L 不锈钢）或陶瓷衬里的碳钢釜。如生产悬浮肥料，反应釜还应配置带乳化剪切的搅拌装置或者单独购置胶体磨。

第二章　水溶性复混肥料施用效果的影响因素分析

第一节　灌溉水质的影响

一、灌溉水质情况分析

灌溉水质，顾名思义就是灌溉用水的质量情况。灌溉水质的好坏，主要以水中所含泥沙的数量和粒径、总矿化度、可溶性盐类的含量和种类及水温作为评价标准。同时，也要考虑灌溉水的 pH 和水中重金属元素的含量对农作物和土壤的影响。

（一）灌溉水中的泥沙含量和粒径

一般以不破坏农田土壤的结构、肥力及不淤积渠道为准，可允许的泥沙粒径一般在 0.001～0.005 毫米。滴灌、喷灌等节水灌溉系统的灌水器要求灌溉水中不能含有泥沙，否则容易造成过滤器和滴头堵塞而影响施肥效果。

（二）灌溉水的总矿化度

一般农田灌溉水的总矿化度以不超过 1.7 克/升为宜。若大于1.7 克/升，则应根据作物的种类和灌溉水所含的盐类成分判断是否能用于灌溉。例如，在华北平原若灌溉水的矿化度小于 1 克/升，用于农田灌溉时作物生长正常；若灌溉水的矿化度介于 1～2 克/升，用于农田灌溉时作物则不能正常生长，只有少量耐盐植物能生长。

（三）灌溉水中所含盐类成分

灌溉水中的碳酸盐、钠盐、氯化物等不利于作物的生长，其含量以不超过作物的耐盐能力为宜。其中，对作物生长危害最大的钠盐是碳酸钠，它能腐蚀作物根部，使作物死亡，还会破坏土壤的团粒结构；当施用水溶性钙、镁肥时，灌溉水中的碳酸钠会与之形成碳酸钙和碳酸镁沉淀，降低钙、镁肥的浓度，从而影响施肥效果。

　　许多农业生产者经常忽视灌溉水质对水溶肥料肥效的影响。事实上，灌溉水的成分作为制定作物施肥计划的起点，应该引起足够的重视。例如，如果灌溉水pH大于7，表明水偏碱性，会造成水溶肥料中铵态氮变成氨气挥发。国外的做法是在灌溉水中溶解一定数量的硫酸，将水调整到微酸性。另外，如果水的硬度大，钙、镁含量高，加上水偏碱性，当施用水溶性磷肥时，可能会产生磷酸钙、磷酸镁沉淀。这种沉淀一般过滤器不能过滤掉，肉眼也不方便观察到，微细的沉淀颗粒通过过滤器进入滴灌管道，慢慢沉积在滴头的流道内，累积到一定程度，堵塞滴头，这称为化学堵塞。这是很多石灰性土壤地区滴头堵塞的原因之一。同时，磷酸盐沉淀也是降低水溶肥料中磷肥利用率的重要原因。

二、灌溉水质监测

（一）水质监测目的
　　一是评估其是否符合特定作物、土壤、灌溉方式（是否含杂质），以及与农药肥料的相容性等标准。

　　二是确定灌溉水pH、电导率和金属离子的浓度，评估其是否影响作物正常生长、是否会对灌溉设备造成损耗及是否对土壤产生潜在危害。

　　三是确定灌溉水的养分含量，用于配方施肥。

　　注意：①灌溉水的碱性或钠盐含量过高，容易引起土壤碱化板结，从而影响土壤中养分的有效性，使得农作物生长缓慢或烂根死亡。钠吸附比（SAR）是常用于评价灌溉水中钠的潜在危害的指标。碳酸氢根离子会降低溶液中钙离子的活性。

　　②灌溉水中的一些离子浓度过高，会抑制作物的生长。植物

蒸腾时吸收的土壤溶液中的离子在叶片中累积并达到临界浓度后，叶片会受损。叶片损害程度取决于该元素在灌溉水中的浓度、灌溉时间、作物的敏感度和作物耗水量。最常见的盐害元素为氯和钠。

③ 灌溉水中磷和钾的含量甚低，一般不用测定。硝态氮是由于过量施用氮肥被淋洗到地下水中。一些地方的地下水含有较高浓度的硝态氮。做施肥方案时，应该考虑地下水补充的氮量。

（二）水样采集

1. 采样准备

出发采样前，所携带的采水容器需按实验容器洗涤规则的要求洗净。根据需求携带现场水质测定仪器，准备好标签、记录本等。

2. 采样点的布设

150 亩以下的湖、库、塘小型水面，取样点在水面中心下方的0.3～0.5 米处；大于 150 亩的水面，可以根据实际情况，划分为若干区域，在每个区域的水面中心下方的 0.3～0.5 米处取样。灌溉渠的采样一般在渠中心水下 0.3～0.5 米处。用于灌溉的地下水水质监测布点，一般以水井作为采样点。

3. 水样采集

灌渠等较窄水体可于岸边采样；较浅水体可涉水采样；较深较宽水体可用船只采样。采样者应位于下游方向，逆流采样。采机井水样时，应在开机抽水 15 分钟后再采样。采样时，装样前需用样品反复荡洗采样器和样品容器 3～5 次。采集水样后，可在田间尽快测好样品并记录。

（三）水样田间检测

1. 灌溉水检测前处理

水样若浑浊或含杂质，检测前先过滤或静置 3～5 分钟；水样清澈无杂质可直接进行检测。

2. 灌溉水养分检测

（1）pH、电导率的测定　取 10～50 毫升水样于塑料烧杯中，用 pH 计测定水样 pH，用笔式电导率计测定水样电导率，记录结果（图 2 - 1）。

图 2 - 1　pH 计与笔式电导率计

（2）硝态氮含量的测定　吸取 0.2～0.4 毫升水样于硝酸根离子计传感器中，完全覆盖反应膜，关闭遮光盖，当出现稳定符号时，读取显示的数值（图 2 - 2）。读数即为水中硝酸根离子（NO_3^-，毫克/升或毫克/千克）或硝态氮（$NO_3^- - N$，毫克/升或毫克/千克）的含量。

图 2 - 2　硝酸根离子计

（3）磷含量的测定（通常水体中含磷量极低或没有）　吸取 1 毫升水样于白瓷板的孔穴中，在每个盛有待测液的孔穴中加入 1 滴磷标准溶液，分别用洁净搅拌棒研磨 10 秒，5 分钟后与色卡或标准色阶比色，读数值即为水中磷的含量。

（4）钾含量的测定　吸取 0.2～0.4 毫升水样于钾离子计传感器中，完全覆盖反应膜，关闭遮光盖，当出现稳定符号时，读取显示的数值（图 2 - 3）。读数即为水中钾（K，毫克/升或毫克/千克）

的含量。

图 2-3 钾离子计

（5）钙含量的测定 吸取 0.2～0.4 毫升水样于钙离子计传感器中，完全覆盖反应膜，关闭遮光盖，当出现稳定符号时，读取显示的数值（图 2-4）。读数即为水中钙（Ca，毫克/升或毫克/千克）的含量。

图 2-4 钙离子计

（6）钠含量的测定 吸取 0.2～0.4 毫升水样于钠离子计传感器中，完全覆盖反应膜，关闭遮光盖，当出现稳定符号时，读取显示的数值（图 2-5）。读数即为水中钠（Na，毫克/升或毫克/千克）的含量。

图 2-5 钠离子计

（7）氯含量的测定 吸取 10 毫升水样，加入洁净的锥形瓶中，加入 1 包氯离子（Ⅰ）试剂，摇匀溶解，溶液呈亮黄色；边摇动锥形瓶边垂直滴加氯离子（Ⅱ）试剂，直至溶液刚好变为橙色或沉淀变为肉色，记录消耗试剂滴数（图 2-6）。结果计算：氯离子含量＝消耗试剂滴数×20，氯离子含量的单位为毫克/升。

国外用于评估灌溉水质的实验室推荐检测标准如表 2-1 所示。

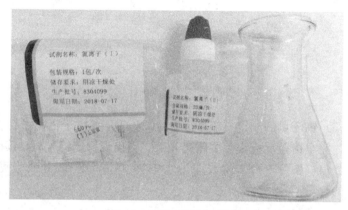

图 2-6　氯离子测试套装

表 2-1　国外用于评估灌溉水质的实验室推荐检测标准

水质参数	单位	中水
电导率（EC_w）	毫西/厘米	0.62～0.71
钙（Ca^{2+}）	毫克/升	20～120
镁（Mg^{2+}）	毫克/升	10～50
钠（Na^+）	毫克/升	50～250
氯（Cl^-）	毫克/升	40～200
pH	—	7.8～8.1
固体悬浮物总量（TSS）	毫克/升	10～100
硝态氮（$NO_3^- - N$）	毫克/升	0～10
钾（K）	毫克/升	10～40

资料来源：参考 Westcot 等（1985），Feigin 等（1991）。

三、水肥关系

水分和养分是影响作物生长的两个重要因素。水肥之间既相互影响，又相互制约。水分不足影响作物生长，进而影响根系对养分的吸收利用；养分不足限制作物生长，并减少作物对水分的吸收利用。

　　水溶性复混肥料是一种可以迅速溶解于水的多元复合肥料，可以根据作物需求进行合理配比，是最适于水肥一体化系统的肥料品类之一。在水肥一体化系统中，水肥同灌同施，肥随水而移动。水在土壤中的渗透模式直接影响土壤中养分的分布。土壤养分累积的位置影响着作物对水溶性复混肥料的吸收利用，进而影响施肥的效果。

　　在沟灌时，因为下渗主要发生在比灌溉沟低的地方，所以土壤盐分主要在种植带上累积。大水漫灌和喷灌系统湿润整个土壤表面，这样就增加了整个根区底部的土壤盐分（Hoffman et al.，1990）。

　　在滴灌条件下，湿润的土体较浅，较大的湿润表面直接发生水分蒸发，土壤表面的盐分逐渐累积。不断重复灌溉和蒸发的循环，使滴头下的土壤发生淋洗，而盐分只在湿润区域边缘地带累积（Kafkafi et al.，1980）。滴灌条件下湿润土体中盐分累积状况见图 2 - 7（Kremmer et al.，1996）。

图 2 - 7　滴头下湿润土体中盐分分布

　　当非吸附性溶质（如硝酸根离子和氯离子）通过灌溉水带入土壤时，会导致其在土壤中的浓度梯度和先前描述的盐分分布表现出类似的规律。与此相对照，吸附性养分（如磷、钾和铵）在土壤中移动性要低一些。在黏质和沙质土壤中，硝酸根离子与水分的分布规律是一致的。而磷在沙质土壤和黏质土壤中分别只能移动到离滴头 11 厘米和 6 厘米的距离，这是 Bar - Yosef 和 Sheikholslami（1976）报道的。土壤对磷的固定作用很强。应该避免将磷通过喷灌系统施用，因为磷在喷灌施用时在土壤中的移动性比滴灌时更受限。几乎所有通过喷灌施用的磷肥，都集中在表层土壤，即在灌溉间隔中很快就变干的几厘米土体中。另外，不同的土壤质地对水分与养分的分布特征也会产生非常大的影响。

四、水温对肥料溶解度的影响

灌溉水的温度对作物的生长发育，尤其是对根系吸收水分和养分有着重要的影响。田间通常用灌溉水来溶解肥料。其中，水温对肥料溶解度的影响最为明显。部分肥料的溶解过程是一个吸热过程，可以降低肥料溶解池或溶解罐中的温度。在我国北方冬春季节温度很低的情况下溶解肥料，甚至可能出现部分溶液结冰，从而导致肥料浓度发生变化。

肥料溶解度是指在一定温度下，溶解在一定体积水中的肥料的质量（表2-2）。肥料养分只有溶解在水里才可以被根系吸收利用，因此养分的溶解度与其有效性直接相关，是一个非常重要的参数。溶解度受温度的影响最明显，大多数固体物质的溶解度随温度的升高而增大。但在冬春季节水温较低，尤其是我国北方采用井灌的区域，井水温度一般只有 5~6 ℃，对肥料的溶解度影响较大。

表 2-2　一些肥料在 100 克水中的溶解度与温度的关系（克）

化合物	分子式	0 ℃	10 ℃	20 ℃	40 ℃
尿素	$CO(NH_2)_2$	68	84	105	133
硝酸铵	NH_4NO_3	118	158	195	242
硫酸铵	$(NH_4)_2SO_4$	70	73	75	78
硝酸钾	KNO_3	13	21	32	46
硫酸钾	K_2SO_4	7	9	11	13
氯化钾	KCl	28	31	34	37
磷酸二氢钾	KH_2PO_4	14	17	22	27
磷酸二铵	$(NH_4)_2HPO_4$	43	63	69	75
磷酸一铵	$NH_4H_2PO_4$	23	29	37	46

为解决水温过低导致溶解度下降的问题，通常使用以下方法来增加水温。

（一）工程措施

一般常见的工程措施有加宽、延长渠道和设置晒水池等方式。其机理是通过增大水流与外界空气的接触面积和接触时长来缩小水温与气温之间的差距，从而实现井水温度的提升。

加宽、延长渠道：地下水抽出时水温较低，但是当地下水流入渠道以后，其温度与渠道的长短、气温高低有明显的关系。根据前人的数据，气温在 28.5 ℃时，每延长 100 米渠道长度，水温可以提高 1.2 ℃；气温在 31.7 ℃时，每延长 100 米渠道长度，水温可以提高 1.5 ℃。因此，一般宽浅式输水渠道增温效果较好。

设置晒水池：数据表明，在 40 米^2 晒水池中，进出水口温差可以达到 0.8～1.7 ℃，提高水温的效果明显。因此，在实际应用中可根据地形条件通过设置晒水池来提高水温，从而增加水溶肥料的溶解度。一般情况下，晒水池的面积越大，提高水温的效果越明显（图 2-8）。

图 2-8　利用晒水池提高水温

（二）非工程措施

非工程措施主要通过设备增温的方式来提高溶解肥料水源的水温。其主要有渠道和晒水池覆膜、设置增温板、修建跌水和溅水物、增加挡水板等。其原理均为利用设备使得水流分散并充分暴露于空气中，增加水与空气的接触面积，使水源与光热充分接触，从而实现增温的效果。

（三）组合方式

采取"工程措施＋设备增温措施"形式，在晒水池内设置若干交错分布的挡板，这一措施可延长水流的流动路径，在保证了晒水池功能不受影响的同时也避免了土地的浪费。另外，还可以采用多种设备增温组合的形式，如把增温板、溅水物、挡水板等多种设备组合在一起使用，可以明显提升增温的效果。实际中可以尝试将工程措施与多种非工程设备进行组合应用，寻求最佳的水体增温措施。

（四）调整肥料溶解顺序

多数肥料在溶解时会伴随热反应。如磷酸溶解时会放出热量，尿素溶解时会吸收热量。了解这些反应对田间配制营养母液有一定的指导意义。如气温较低时为防止盐析作用，应合理安排各种肥料的溶解顺序，尽量利用它们之间的互补热量来溶解肥料。磷酸稀释是一个放热反应，使溶液的温度升高，所以在加入尿素或氯化钾（两者溶解是吸热反应）以前应先加入磷酸。利用肥料的加入顺序而使溶液温度升高，对在低温地区增加肥料的溶解度有积极作用。表 2-3 是一些肥料的吸热值。

表 2-3　一些肥料的吸热值

肥料浓度（千克/米³）	吸热值（千焦）					
	氯化钾	硝酸钾	磷酸二氢钾	硝酸铵	硫酸铵	尿素
50	232.73	329.01	141.48	102.13	59.44	249.90
100	226.45	311.85	138.13	298.03	55.67	245.29
150	218.92	299.71	135.20	289.66	53.58	240.69

第二节　土壤因素

一、土壤质地

（一）土壤质地情况分析

土壤质地很大程度上影响土壤的各种耕作性能、施肥反应、持水量、通气性等特性。土壤中不同大（沙粒）小（黏粒）粒径的土粒占土壤重量的百分比组合，称为土壤质地。土壤质地是土壤最基本的物理性质之一，对土壤的各种性状（如土壤的通透性、保水性、耕性及养分含量等）都有较大的影响，是评价土壤肥力和作物适宜性的重要参考依据。我国土壤质地分类是根据沙粒、粉粒、黏粒含量进行划分的，通常分为沙土、壤土和黏土三类。三种土壤质地的基本特性为：

沙土：沙粒多、黏粒少、粒间多为大孔隙的一类土壤，主要分布于广大的北方地区。沙质土粒间孔隙大，土壤通气透水性强，保肥蓄水抗旱能力差，土壤养分贫瘠；供肥性强但持续时间短，易发生脱肥现象。沙质土水少气多，土温变幅大，昼夜温差大。早春时节，土温上升快，有利于早生快发；晚秋时节，土温下降迅速，作物容易遭受冻害。沙质土松散易耕，耕作质量较好，耕后疏松不结块。

壤土：沙粒和黏粒比例适宜的一类土壤。壤质土兼有沙质土和黏质土壤的优点：沙黏适中，大小孔隙比例适当，通气透水性好，土温稳定，养分丰富，既有保水保肥能力，又兼具较强的供水供肥性能。壤土可耕性好，适种范围广，是农林业生产较为理想的土壤质地类型。

黏土：沙粒少、黏粒多、大孔隙少、毛管孔隙特别发达的一类土壤。黏质土通气透水性差，排水不良，不耐涝。土壤对养分吸附能力强，保肥蓄水性好，矿质养分丰富，肥效慢，平稳而持久，表现前期弱而后期较强，即"发老苗不发小苗"。黏质土胀缩性强，容易板结，耕作费力，干旱时常形成龟裂，影响根系伸展。

通过快速手测的方法可以判断土壤质地类型。方法是取少量土壤加水润湿，以土壤吸足水分为宜。将含水的土壤置于掌心进行揉搓，如果土块不能搓成条状或球状则为沙土；如果土壤能搓成长细条，但弯曲时容易断裂则一般为壤土；如果土壤能搓成完整的细长条并且弯折不会断裂则一般为黏土。

沙土既不保肥也不耐肥的特性决定了施肥时要遵循少量多次的做法。一次过多施肥容易出现养分的流失。沙土中施肥见效快，作物早生快发，但无后劲，往往造成后期缺肥早衰，结实率低，籽粒不饱满。因此，沙土上进行施肥时需要考虑作物不同生育期的养分需求特点，及时进行补充，避免脱肥。

黏土的特性正好与沙土相反，它的质地黏重、耕性差，土壤团粒间缺少大的孔隙，因此既不耐旱也不耐涝。但肥料施入土壤以后保肥能力较强，养分不易流失。黏土对养分的吸附固定能力强，而且土壤溶液中的养分扩散速度慢，因此施肥时必须注意肥液的位置，尽量靠近作物的根系。黏土的特性决定了其灌溉以后水分能较长时间保留在根系附近，土温变化也比较小。由于通气性不佳造成好气性分解不旺盛，有机质分解较慢，一般施入黏土的肥料见效慢，但肥效后劲强。在黏土上进行施肥也不可一次施用过量，同样必须遵循少量多次的原则，而且尽量提早施肥。

壤土的性质介于沙土与黏土之间，其耕性和肥力都处于较优状态。这种质地的土壤水与气之间没有较大的矛盾，渗水性与通气性都比较好，供肥与保肥的能力都比较适中，适种性广、适耕期长。在壤土上施肥时，需坚持长效肥与速效肥相结合、有机肥与化肥相结合、大量元素肥料与中微量元素肥料相结合的施肥原则。

（二）施肥注意事项

与传统的撒施颗粒肥不同，水溶性复混肥料的施用通常是借助灌溉设备来完成，肥料溶在水中，随水移动到作物的根区。肥料由于"随水而来，随水而走"，易被淋洗，尤其是在沙质土上。淋洗的容易程度为沙土＞壤土＞黏土。

由各种土壤的特性可知，在沙土上应提高灌水施肥的次数，少量多次，既满足作物不同生育期对肥料的需求，又可避免肥料的流失。对于壤土和黏土可适当降低施肥次数。

黏质土壤施肥要尽量施到根部，且施用的有机肥必须充分腐熟，这样既可增加土壤耕层温度，改善黏质土壤物理性状，又可增加土壤肥力。黏土施肥还要防止过量灌溉影响土壤通气性。

对于宽窄行种植，毛管铺设在窄行中间的作物上（如玉米），在沙质土上可以适当缩短窄行的行距，从而缩短水肥移动的距离，更精准地将肥施到根区。

不同质地的土壤对养分的吸收是有影响的，在施用水溶性复混肥料时，应针对不同的土壤质地采取相应的施肥措施，才能达到更好的效果。

二、土壤通气

土壤是作物生长的基础条件，良好的土壤环境利于作物的生长发育。土壤中根系和微生物的呼吸作用及其他生命活动都要消耗氧，产生的二氧化碳从土壤中排出，进入近地大气中。若通气受阻，土壤空气中氧含量不足会导致根系发育不良，当土壤中氧气耗尽时对植物是十分有害的，其组织中可产生乙醇乃至氰化物，这往往会在遭受严重涝害的旱地植物中发生。同时，缺氧导致土壤中还原过程强化，使硝酸盐损失并产生包括乙烯、丁酸在内的大量对植物有害的物质。

影响土壤通气性的主要因素是通气孔隙的数量与土壤含水量。衡量土壤通气性的指标有土壤空气扩散系数、田间空气容量、土壤通气量、氧化还原电位、土壤空气中氧与二氧化碳含量以及土壤氧扩散率等。肥沃的土壤必须有一个良好的通气性。通气性还受土温、气压、风力等因子的影响。土壤通气性的好坏，直接影响土壤肥力的有效利用，进而影响作物生长。

在农业生产中，可以通过测定土壤呼吸（图2-9）判断土壤通气性的优劣。土壤呼吸是指土壤释放二氧化碳的过程。土壤微生物的呼吸、作物根系的呼吸和土壤动物的呼吸都会释放出大量的二

图 2-9　常规土壤呼吸检测装置（左）与便携式土壤呼吸检测仪（右）

氧化碳。土壤呼吸是表征土壤质量和土壤肥力的重要指标。正常情况下，土壤呼吸系数接近于 1。若超过 1 则说明土壤通气性差。

土壤通气性差是长久形成的，其主要原因是水肥管理不当。在土壤体系中，水具有两面性：没有水，植物无法吸收到土壤中的养分；水分过多，造成土壤通气性差、氧气不足，冬春季还会使土温过低，有毒物质积累，进而影响植物的生长发育。

土壤通气性差会引起土壤板结，导致土壤氧气含量变少，影响根系的呼吸作用，并且会抑制根系的生长，进而大幅削弱根系吸收水肥的能力。土壤通气性变差还会严重影响土壤微生物的活性和养分的转化。例如，当土壤中氮缺乏时，速效性养分的释放受到限制，硝化细菌不仅不能进行生命活动，反而出现反硝化作用，导致氮素的损失。另外，像氮、硫、磷等营养元素，当土壤通气性较好时呈现氧化状态，通气性较差时呈现还原状态。而过强的还原状态就引起硝态氮含量的急剧下降。例如，当水田淹水时，铵态氮在氧化层被氧化为硝态氮，随水下渗至还原层后，可被还原成游离氮或氧化氮而流失掉。此外，通气不良会产生过多的还原性物质如硫化氢等，对作物根系有毒害作用。

在这里需要说明的是，实际生产中很多土壤通气性变差的原因主要是错误的灌溉方式和过量施肥。例如，在我国北方常见的大水漫灌的方式，极易造成土壤板结，建议改用小水勤浇和滴灌方式，这样可以大大减少漫灌对土壤团粒结构的破坏，改善土壤的通气性。此外，作物定植以后加强中耕松土也可以改善土壤的通气性，促进作物根系的生长。

改善土壤的通气性常用的方法就是增施有机肥及微生物肥料，另外还必须精准施肥，避免施肥超量造成土壤通气性进一步恶化。具体有以下几种改进措施：

（1）增施有机肥　土壤微生物分解有机肥中的有机质，形成腐殖质，从而促进土壤中形成更多的团粒结构，使土壤疏松，防止板结，提高土壤通气性。

（2）秸秆还田　农作物秸秆是重要的有机肥源，粉碎的秸秆可提高土壤有机质含量，还可增加土壤孔隙度，协调土壤中的水、肥、气、热，为土壤微生物活动提供有利条件，从而有利于有机质软化、分解，改善土壤理化环境，提高土壤通气性。

（3）通气与深耕　借助在作物根区预埋的管道或者直接通过地下滴灌管道，将空气输送到作物根系周围，这些气体溢出土壤的过程中就能增加土壤的通气性。经常松土，深度超过 30 厘米，改善耕层构造，从而防止土壤板结。

（4）精准施肥　依据土壤化验结果配方施肥，做到土壤中缺什么补什么，这样就可以避免盲目大量施肥，不会使土壤板结。

（5）控制灌水量　平时浇水一定要注意灌水量不宜过大，切忌大水漫灌，最好使用滴灌和喷灌。遇到暴雨时，要及时排水。

（6）清除农田残膜　地膜和塑料袋使用后若大量残留在土壤中，会形成有毒物质并破坏土壤结构，造成土壤板结，严重影响土壤的通气性。

（7）适当使用土壤改良剂　用于改善土壤通气性的土壤改良剂有聚丙烯酰胺（PAM）、石灰和石膏等。这些改良剂施入土壤，使土壤结构松散，能够增加土壤团粒结构，改善土壤的通气性。

三、土壤 pH

土壤的酸碱度一般用 pH 表征，它是影响土壤养分有效性的重要因素之一。土壤的 pH 过高或者过低，一些营养元素会与土壤中的离子反应形成沉淀，降低肥效。pH 的范围为 0~14，从小到大分别为酸性、中性和碱性。pH 为 6.5~7.5 时则表示土壤呈中性，小于 6.5 为酸性，大于 7.5 则为碱性。

土壤的 pH 是土壤溶液中氢离子浓度的负对数值。例如，pH 为 5 的土壤溶液中氢离子的浓度是 pH 为 6 的土壤溶液的 10 倍，是 pH 为 7 的土壤溶液的 100 倍，因而它的酸性就更强。所以在决定升高或者降低土壤 pH 时要仔细考虑可能会带来的后果。肥料和雨水、灌溉水也会对土壤的 pH 造成影响，其他影响因素还有土壤质地、有机物类型、土壤中的微量元素等。它们影响虽小，但都会对土壤的 pH 造成不同程度的改变。

（一）土壤 pH 偏（过）小或偏（过）大对土壤的影响

我国南方湿润多雨，土壤多呈酸性；北方干旱少雨，土壤多呈碱性。土壤偏（过）酸性或偏（过）碱性，都会不同程度地降低土壤养分的有效性，难以形成良好的土壤结构，也会抑制土壤微生物的活动，影响各种作物生长发育。具体表现有以下 5 个方面：

（1）使土壤养分的有效性降低　土壤中磷的有效性明显受酸碱性的影响，在土壤 pH 超过 7.5 或低于 6 时，磷酸根离子和钙或铁、铝形成迟效态，使其有效性降低。钙、镁和钾在酸性土壤中易代换也易淋失。钙、镁在强碱性土壤中溶解度低，有效性降低。硼、锰、铜、铁、锌等微量元素在碱性土壤中有效性大大降低，而钼在强酸性土壤中与游离铁、铝生成沉淀，降低有效性。

（2）不利于土壤的良性发育，破坏土壤结构　强酸性土壤和强碱性土壤中氢离子和钠离子较多，缺少钙离子，难以形成良好的土壤结构，不利于作物生长。

（3）不利于土壤微生物的活动　土壤微生物一般最适宜的 pH 是 6.5~7.5 的中性范围。过酸或过碱都会严重抑制土壤微生物的活动，从而影响氮素及其他养分的转化和供应。

（4）不利于作物的生长发育　一般作物在中性或近中性土壤生长最适宜。甜菜、紫花苜蓿、红三叶草不适宜酸性土；茶叶要求强酸性和酸性土，中性土壤不适宜生长。

（5）易产生各种有毒害物质　土壤过酸容易产生游离态的铝离子和有机酸，直接危害作物。酸性条件下重金属也会释放出来。碱性土壤中可溶盐分达一定数量后，会直接影响种子的发芽和正常生长。含碳酸钠和碳酸氢钠较多的碱化土壤，对作物更有毒害作用。

（二）土壤 pH 对营养元素有效性的影响

（1）氮　氮在 pH 6～8 时有效性较高；pH 小于 6 时固氮菌活性降低；而 pH 大于 8 时硝化作用受到抑制。

（2）磷　磷在 pH 6.5～7.5 时有效性较高；pH 小于 6.5 时易形成磷酸铁和磷酸铝沉淀，有效性降低；pH 高于 7.5 时，则易形成磷酸钙、磷酸镁沉淀。

（3）钾、钙、镁　酸性土壤的淋溶作用强烈，钾、钙、镁容易流失，导致这些元素缺乏。pH 高于 8.5 时，土壤钠离子增加，钙、镁离子被取代形成碳酸盐沉淀，因此钙、镁的有效性在 pH 6～8 时最好。

（4）微量元素　铁、锰、铜、锌、钴五种微量元素在酸性土壤中因可溶而有效性高；钼酸盐不溶于酸而溶于碱，在酸性土壤中易缺乏；硼酸盐在 pH 5.0～7.5 时有效性较好。

植物需要在 pH 适宜的土壤上才能正常生长，绝大部分农作物生长皆适宜弱酸性土壤，pH 在 5.5～6.5，此肥料的有效性最高。土壤酸性过大，可每年每亩施入 100～200 千克的石灰，且施足农家肥，切忌只施石灰不施农家肥，这样土壤反而会差。碱性过高时，可施硫黄粉、强酸性肥等。腐植酸肥因含有较多的腐植酸，能调节土壤 pH。以上方法以施硫黄粉见效慢，但效果最持久。

四、土壤盐碱化

土壤盐碱化是指盐分不断向土壤表层聚积形成盐渍土的自然地质过程。盐碱土是盐土与碱土的总称，通常情况下盐与碱是一起出现的。土壤盐碱化会影响土壤有机质和土壤的理化特性，间接影响作物的生长。作物根系吸收营养除小分子的渗透外，还有离子交换吸附的形式。盐碱化土壤的高盐渗透作用，阻碍了作物表皮细胞从土壤中吸收养分；表皮细胞提升渗透压、失水，也会影响传输和溶解的养分总量。另外，土壤盐碱化会降低养分中金属络合物的有效性，有些可能会直接转化为不能被吸收的沉淀物。土壤盐碱化主要通过影响土壤的理化性质及作物根系对养分的吸收，从而影响水溶性复混肥料的施用效果。

作物的耐盐能力是有极限的（表2-4），因此盐土在种植作物前需进行改良。盐土的改良主要是根系层脱盐洗盐，碱土则需要酸性物质去中和碱性。针对盐碱地，首先需要确定到底是偏盐还是偏碱，再确定改良与施肥的方案。对于盐含量比较大的地块，一般建议先进行洗盐或者膜下滴灌等措施再进行种植；对于盐害不严重但偏碱（如pH大于8.5）的土壤，则推荐使用酸性的肥料（如过磷酸钙、磷酸一铵、磷酸尿素等）。在以色列、美国加利福尼亚州等地，滴灌时，直接滴稀硫酸来降低土壤的pH。

表2-4 部分作物的耐盐度（%，耕层0~20厘米的含盐量）

耐盐力	作物	苗期	生育盛期
强	甜菜	0.5~0.6	0.6~0.8
	向日葵	0.4~0.5	0.5~0.6
	蓖麻	0.35~0.4	0.45~0.6
较强	高粱、苜蓿	0.3~0.4	0.4~0.55
	棉花	0.25~0.35	0.4~0.5
	黑豆	0.3~0.4	0.35~0.45
中等	冬小麦	0.22~0.3	0.3~0.4
	玉米	0.2~0.25	0.25~0.35
	谷子	0.15~0.2	0.2~0.25
弱	绿豆	0.15~0.18	0.18~0.23
	大豆	0.18	0.18~0.25
	马铃薯、花生	0.1~0.15	0.15~0.2

盐碱土都是在一定自然条件下形成，其形成的实质主要是各

种易溶性盐类在地面水平方向与垂直方向的重新分配，从而使盐分在土壤表层逐渐积累起来。盐碱土形成的主要原因包括气候原因、地理因素、土壤质地、地下水成分与耕作习惯等。通常反应土壤碱度的指标有三个，分别是 pH、碱化度（ESP）、总碱度（TA）。盐碱土的主要特点是含有较多的水溶性盐和碱性物质，中性和酸性的水溶肥料是可以在盐碱地施用的。例如，尿素、硝酸铵等施入土壤后基本不会增加土壤中的盐分和碱性，适宜在盐碱地上施用；硫酸铵是生理酸性肥料，其中的铵被作物吸收后，残留的硫酸根可以降低盐碱土的碱性，也适宜施用。盐碱土不易保苗，种肥不能离种子太近，后期尽量施用水溶肥料，通过提高化肥利用率，减少化肥用量，减轻土壤板结状况。目前，市场上有很多含有腐植酸成分的水溶性复合肥料或液体肥料，对改善盐碱地效果良好，可适量使用。

增施有机肥、合理施用化肥是改良盐碱地的重要措施。有机肥经微生物分解、转化形成腐殖质，能提高土壤的缓冲能力，并可和碳酸钠作用形成腐植酸钠，降低土壤碱性。腐殖质可以促进团粒结构形成，从而使孔隙度增加，透水性增强，有利于盐分淋洗，抑制返盐。有机质在分解过程中产生大量有机酸，一方面可以中和土壤碱性，另一方面可加速养分分解，促进迟效养分转化，提高磷的有效性。因此，增施有机肥是改良盐碱地、提高土壤肥力的重要方式。另外，用脱硫石膏改良盐碱地对于降低土壤碱化度，有一定的作用。脱硫石膏是燃煤电厂产出的固体废物，主要成分是二水硫酸钙。经过洗涤和滤水处理的脱硫石膏含有 $10\%\sim20\%$ 的水，颗粒细小、松散、均匀，粒径为 $30\sim60$ 微米，纯度为 $90\%\sim95\%$，含碱量低，有害杂质少。因其价格低廉，成本低，很有推广前途。

当土壤含盐量较高的时候，会对钙、磷、铁、锰、锌等元素的吸收造成影响。因此，针对高盐分土壤，应该通过淋、洗、排、抑等措施淡化耕层盐分，同时适当增加肥料施用量，并结合作物长势在适当的时机进行中微量元素的喷施。

第三节 作物因素

一、作物的生长规律及养分需求规律

施肥的目的是为作物生长提供充足的养分，是提高作物产量和产品品质的一项极为重要的措施。因此，必须了解作物的生长规律及养分需求规律，这样才能得到合理的施肥总量、养分种类和比例、施肥方法、施肥时期等关键参数，制定科学合理的施肥方案。

（一）作物的生长规律

作物的生长发育是一个极其复杂的过程，它是在各种物质代谢的基础上进行的生命行为，主要表现为种子发芽、生根、长叶，植株体长大成熟、开花、结果，最后衰老死亡。通常认为生长是植株体积的增大，这一过程主要通过细胞分裂和膨大完成；发育则是在整个生长史中植株体的构造和机能从简单到复杂的变化过程，表现为细胞、组织和器官的分化。

（二）作物的养分需求规律

作物正常生长需要碳、氢、氧、氮、磷、钾、钙、镁、硫、铁、锌、锰、铜、硼、钼、氯、镍17种必需元素。植物必需元素是任何作物在任何生长发育阶段都不可或缺的养分元素。除植物必需元素外，还有硅、钠、硒、钴、钒等一些有益元素，它们对某些作物在某些条件下是必不可少的。植物养分缺乏和过量对植物生长都是不利的。

作物的养分需求规律是指作物在不同生育时期对养分吸收利用的特点。作物养分吸收随着生长时间的变化是一个S形曲线：苗期养分吸收量较少，一般还不到全部吸收量的10%；而旺盛生长期，特别是在营养生长与生殖生长并进时期，吸收量较大，一般不少于全部吸收量的30%；成熟期养分吸收量又趋于减少直至停止吸收。

绝大多数作物对绝大多数营养元素的吸收都符合 logistic 曲线，但曲线的拐点则各不相同。即不同的作物对养分的种类和数量的需求都是不同的，作物具有选择性吸收的特点，例如，禾谷类作物对氮的需求量较大，磷、钾次之；豆科作物对磷的需求量比一般作物要多；叶菜类蔬菜对氮的需求量最大等。

二、作物的营养需求

作物的营养需求指作物要达到目标产量所需要的养分数量（表 2-5），养分总量包含土壤可提供的有效养分与肥料所提供的养分。只有满足作物正常的营养需求，才能保证作物的优质高产。合理的施肥必须根据作物的营养需求特点、土壤、气候等多方面的因素综合考虑，最大限度地满足作物对各种养分的需求。作物的营养需求特征是合理施肥最重要的依据，同一作物不同的生育时期其营养需求特点也是不同的。大多数作物苗期吸收养分较少，随后增多，临近收获时又会减少，施肥时也必须遵循这一特征。

表 2-5　每生产 100 千克产品作物吸收的养分数量（千克）

作物	产物	氮（N）	磷（P_2O_5）	钾（K_2O）
水稻	籽粒	1.70~2.50	0.90~1.30	2.10~3.30
小麦	籽粒	3.00	1.00~1.50	2.00~4.00
玉米	籽粒	2.57~2.90	0.86~1.34	2.14~2.54
油菜	菜籽	9.00~11.00	3.00~3.90	8.50~12.80
大豆	豆粒	6.00~7.20	1.35~1.80	1.80~2.50
花生	荚果	7.00	1.30	4.00
马铃薯	鲜块茎	0.55	0.22	1.06
甘薯	鲜块根	0.35	0.18	0.55
甜菜	块根	0.50	0.15	0.60
甘蔗	茎	0.15~0.20	0.10~0.15	0.20~0.25
葡萄	果实	0.38	0.20~0.25	0.40~0.45
猕猴桃	果实	0.18	0.02	0.32
菠萝	果实	0.35	0.11	0.74
苹果	果实	0.55~0.70	0.30~0.37	0.60~0.72
柑橘	果实	0.18	0.05	0.24

（续）

作物	产物	氮（N）	磷（P₂O₅）	钾（K₂O）
黄瓜	果实	0.28	0.09	0.39
辣椒	果实	0.34～0.36	0.05～0.08	0.13～0.16
番茄	果实	0.36	0.10	0.52
茄子	果实	0.30～0.43	0.07～0.10	0.40～0.66
大白菜	地上部	0.15	0.07	0.20
花椰菜	全株	2.00	0.67	1.65
韭菜	地上部	0.15～0.18	0.05～0.06	0.17～0.20
大葱	全株	0.30	0.12	0.40

资料来源：谭金芳等（2011）。

　　作物对营养的需求有两个关键时期，即作物营养临界期和最大效率期。营养临界期指某种养分缺乏、过多或比例不当对作物生长影响最大的时期。在临界期，作物对某种养分需求的绝对数量虽然不多，但很迫切。如因某种养分缺乏、过多或比例不当而使作物生长受抑制，即使在以后该养分供应正常也很难弥补（图2-10）。各种作物的营养临界期不完全相同，但多数出现在苗期或生育前期。大多数作物磷营养的临界期出现在幼苗期，或种子营养向土壤营养的转折期。如果苗期缺磷，会严重抑制后期生长，所以磷肥大部分作为基肥施用。

图2-10　苗期缺磷（左）与缺氮（右）后期补施仍不能恢复生长

营养最大效率期指作物对某种养分能够发挥最大增产效能的时期（图2-11）。在这个时期作物对某种养分的需求量和吸收都是最多的。这一时期也是作物生长最旺盛的时期，吸收养分的能力最强。如能及时满足作物养分的需求，其增产效果将非常显著。

图2-11 马铃薯封行时是营养最大效率期

三、如何快速了解作物的养分状况

（一）土壤养分速测

作物健康生长需要吸收多种养分，土壤作为作物生长的介质，在作物生长的过程中扮演着重要角色。测土配方施肥技术就是为了通过调节土壤中的养分平衡，满足作物生长的需求，最终达到节肥增产的目标。

土壤养分速测技术可快速测定土壤中的硝态氮、有效磷、速效钾、交换性钙和交换性钠的含量。具体操作如下：

1. 土壤浸出液的制备

试剂：硝酸根离子浸提剂（用于浸提硝酸根离子），Mehlich3联合浸提剂（用于浸提磷酸根离子、钾离子、钙离子、钠离子），磷溶液（钼酸铵混合溶液）。

先称取2克土样于50毫升塑料烧杯中，再添加浸提剂10毫升，使用玻璃棒快速搅拌1分钟，静置3～5分钟，过滤上清液至塑料瓶中，即得土壤浸出液。

2. 土壤硝态氮含量的测定

吸取 0.2～0.4 毫升土壤浸出液于硝酸根离子计传感器中，完全覆盖反应膜，关闭遮光盖，当出现稳定符号时，读取显示的数值。

硝酸盐（NO_3^-）模式下，土壤硝态氮（$NO_3^- - N$）含量＝读数值（NO_3^-）×5×0.225，土壤硝态氮含量和读数值的单位均为毫克/千克。

硝态氮（$NO_3^- - N$）模式下，土壤硝态氮（$NO_3^- - N$）含量＝读数值（$NO_3^- - N$）×5，土壤硝态氮含量和读数值的单位均为毫克/千克。

3. 土壤有效磷含量的测定

按表2-6规定的量分别添加2毫克/升磷标液于白瓷板孔穴中，以 Mehlich3 联合浸提剂作为稀释液，配制成磷的系列标准液。

表2-6　磷标准色阶配制

序号	混合标准溶液（毫升）	浸提剂（毫升）	含磷（P）量（毫克/升）
1	0.1	0.9	0.2
2	0.2	0.8	0.4
3	0.4	0.6	0.8
4	0.8	0.2	1.6

吸取土壤浸出液0.20毫升于白瓷板孔穴，加0.80毫升浸提剂。在待测液和磷系列标准液的每个孔穴中，分别加入1滴磷溶液，用洁净搅拌棒搅拌10秒，5分钟后与如下色卡或标准色阶比色（图2-12），记录土壤浸出液的读数值。

土壤有效磷（P）含量＝读数值×5×5，土壤有效磷含量和读数值的单位为毫克/千克。

0.2毫克/升　　0.4毫克/升　　0.8毫克/升　　1.2毫克/升　　1.6毫克/升　　2.0毫克/升

磷浓度（P，毫克/升）

图 2-12　土壤植株有效磷比色卡

注：比色卡为研发者制作，仅供参考。在不同区域，因温度、湿度差异较大，建议在当地根据测定方法中的步骤自行制作。

4. 速效钾含量的测定

吸取 0.2～0.4 mL 土壤浸出液于钾离子计传感器中，完全覆盖反应膜，关闭遮光盖，当出现稳定符号时，读取显示的数值。

土壤速效钾（K）含量＝读数值×5，土壤速效钾含量和读数值的单位为毫克/千克。

5. 交换性钙含量的测定

吸取 0.2～0.4 mL 土壤浸出液于钙离子计传感器中，完全覆盖反应膜，关闭遮光盖，当出现稳定符号时，读取显示的数值。

土壤交换性钙（Ca）含量＝读数值×5，土壤交换性钙含量和读数值的单位均为毫克/千克。

6. 交换性钠含量的测定

吸取 0.2～0.4 mL 土壤浸出液于钠离子计传感器中，完全覆盖反应膜，关闭遮光盖，当出现稳定符号时，读取显示的数值。

土壤交换性钠（Na）含量＝读数值×5，土壤交换性钠含量和读数值的单位均为毫克/千克。

（二）叶片养分速测

然而，作物对养分的吸收是一个复杂的过程，土壤的养分状况并不能反映作物体内的养分状况，作物体内养分是否充足平衡、是否存在潜在缺素症状等这些问题也需要引起足够的重视。

在实际生产中，作物会通过缺素症状或不健康的生长表现显示体内的养分不平衡状况（图 2-13）。一旦出现这种现象，作物的

图 2 - 13　葡萄叶片早期缺钾的症状

正常生长已经被影响，矫正为时已晚，用来指导施肥存在一定的滞后性。但作物特定部位（如叶片）的营养组分和含量比土壤的养分含量更能直接反映作物体内营养的丰缺状况。作物体内养分的变化是很快的，尤其是硝态氮，当作物稍微缺氮时，硝态氮的含量就会发生明显变化。

　　叶片养分速测技术是一种在田间现场对作物体内养分状况进行快速诊断的技术（图 2 - 14），通过榨取叶片（或叶柄）汁液来快速诊断植株的营养状况。种植者可根据养分速测的结果，有针对性地对作物养分状况进行精准调控。

图 2 - 14　土壤与植株养分速测工具

叶片养分速测具体操作：在晴天的上午 9:00—11:00 采取20~30 片最新成熟叶或叶柄（倒 4 叶或叶柄），用剪刀剪碎（叶片）或剪成 2~3 厘米小段（叶柄），混合均匀，取部分用纱布包好后置于压汁钳内部，按压压汁钳，收集汁液于塑料小烧杯中。吸取汁液 0.2 毫升于 4 毫升离心管中，加蒸馏水（或者去离子水）1.8 毫升，即得稀释 10 倍后的叶片或叶柄养分待测液。

1. 植株硝态氮含量的测定

吸取 0.2~0.4 mL 待测液于硝酸根离子计传感器中，完全覆盖反应膜，关闭遮光盖，当出现稳定符号时，读取显示的数值。

硝酸盐（NO_3^-）模式下，植株硝态氮（$NO_3^- - N$）含量＝读数值（NO_3^-）×10×0.225，植株硝态氮含量和读数值的单位均为毫克/千克。

硝态氮（$NO_3^- - N$）模式下，植株硝态氮（$NO_3^- - N$）含量＝读数值（$NO_3^- - N$）×10，植株硝态氮含量和读数值的单位均为毫克/千克。

2. 植株磷含量的测定

吸取植株待测液 0.20 毫升于白瓷板中，加 0.80 毫升蒸馏水。在每个盛有待测液的孔穴中，磷溶液分别加入 1 滴，用洁净搅拌棒研磨 10 秒，5 分钟后与图 2-12 比色卡或标准色阶比色，记录植株待测液的读数值。

植株磷（P）含量＝读数值×10×5，植株磷含量和读数值的单位均为毫克/千克。

3. 植株钾含量的测定

吸取 0.2~0.4 毫升植株待测液于钾离子计传感器中，完全覆盖反应膜，关闭遮光盖，当出现稳定符号时，读取显示的数值。

植株钾（K）含量＝读数值×10，植株钾含量和读数值的单位均为毫克/千克。

叶片养分速测技术的主要作用是证实已观察到的缺素症状，检测潜在的养分缺乏症状，根据养分丰缺指标指导施肥；还可以判断作物体内的养分是否平衡，诊断因养分不平衡出现的各种生长障碍，为后续的施肥措施提供依据。

以柑橘控梢为例。影响柑橘抽梢的因素有温度、光照、水分、氮肥、激素等。但无论何种原因导致的新梢萌发，最终在植株叶片的汁液养分状况中都会有所显现，具体表现为氮含量的提高、氮钾比例的变化等。常规情况下要等到柑橘新梢开始萌发时，才根据新梢萌发情况采取措施进行控梢，这种方法是滞后的，等到抽生新梢再去控制，已经浪费了一部分养分并且影响了果实的正常生长（梢果竞争养分）。而通过叶片养分速测，可以快速诊断当前体内的氮、磷、钾等养分水平，通过调控氮、磷、钾的养分比例，尤其是氮钾比例（约 1:8）来控梢，从而促进果实的正常生长发育。

第四节　其他关键因素

一、科学的施肥方法

在生产实践中，施肥的方式方法有很多，如土壤施肥、叶面喷肥、通过灌溉设备施肥等。

土壤施肥是将肥料施于土壤，有全田撒施和集中施肥。全田撒施是在播种或定植前，将肥料撒在土壤表面，然后通过翻耕等田间作业将肥料翻入土中，或在作物生长过程中将肥料撒入田间作追肥。追肥过程中采用肥料撒施容易造成肥料的挥发、地表流失及土壤深层渗漏损失。集中施肥是将肥料集中施用于某些特定的位置，如通过条施、穴施、环状沟施、放射状沟施或机械分层深施等方式施用。集中施肥是常用的方式，这种施肥方法的好处在于将肥料集中施用，可减少肥料与土壤的固定，有助于提高肥料的利用效率；不足之处在于很多种植户为了降低用工成本等，通常只撒肥料，不盖土，肥料长时间露置在土壤表面，加之灌溉和施肥通常是分开进行的，这样很容易造成肥料的挥发流失等。

叶面喷肥是将肥料与水按一定的比例配成溶液，喷洒于作物叶片及幼嫩组织的一种施肥方式。这种施肥方式的肥料用量少，肥效迅速，但肥效期短，肥料施用总量有限，只能是作物营养补充的一种辅助方式。若施用过程中的溶液浓度过高或施用不合理，还有可能出现烧叶等情况。

水肥一体化灌溉施肥是现代农业水肥综合管理的首选技术措施之一，具有显著的节水、节肥、节工、节药、高产、优质、高效、环保等优点，已经被越来越多的用户接受和应用。对于水肥一体化技术，通常有两层含义的理解：一是把肥料溶解在灌溉水中，通过灌溉系统由灌水器输送到田间每一株作物，以满足作物生长发育的水肥需求，如通过喷灌及滴灌施肥；二是广泛意义的水肥一体化，把肥料溶解在灌溉水中，通过设施灌溉、人工浇灌等多种形式，实现给作物灌水的同时同步供应养分。有关水肥一体化技术条件下喷施、滴施、冲施等内容，请参看本书第三章的相关内容。

二、光照条件的影响

光照对根系吸收养分的影响主要是通过影响植物叶片蒸腾强度体现的。光与叶片气孔的开闭关系密切，而气孔的开闭又与蒸腾强度密切相关。光照强度越大，植物蒸腾强度就越大，土壤中的养分通过质流作用到达根系表面的数量就会越多，养分随蒸腾流的移动数量也就越多。

三、温度条件的影响

温度既影响肥料在土壤中的转化，又影响作物根系对养分的吸收。温度对根系吸收养分的影响首先表现在对根系生长及根系活力和形态的影响；其次，由于根系对养分的吸收主要依赖根系呼吸作用所产生的能量，而呼吸过程的一系列反应对温度非常敏感，所以温度对根系吸收养分的影响很大。不同植物有其合适的生长温度范围。对于多数作物而言，一般在 $6 \sim 38 \, ^\circ\mathrm{C}$ 范围内，根系对养分的吸收会随着温度的升高而加快。当温度过高或过低时，作物的生长会受到一定程度的限制甚至死亡；当然也不排除少数作物在极端高温或极端低温条件下仍具有良好的适应性。此外，温度条件还会影响土壤中养分的转化和移动，以及土壤微生物的活性等，进而间接影响根系对养分的吸收。

四、土壤含水量的影响

土壤含水量是影响肥效的重要因素之一，主要体现在以下几个方面：

一是施用的肥料（特别是化肥）被水溶解后才能被作物根系吸收。土壤中的养分到达根系表面的三种途径中，质流和扩散是主要途径，而这两种养分移动的方式都与土壤含水量密切相关。

二是土壤含水量对根系发育影响很大。对于多数作物而言，一般田间持水量维持在 $60\% \sim 80\%$ 是较为合适的。对于旱地作物，当含水量降低到 40% 以下时，小麦、玉米等的根系生长将受到抑制，根系活力下降。适宜的水分促进作物根系正常发育，能够充分吸收不同土壤深度的养分，向地上部分运输。土壤水分过少或过多都会影响根系发育，从而影响根系对养分的吸收能力。

三是土壤含水量对土壤中微生物的活动有一定的影响。水分过多或过少，都不利于微生物活动，进而影响土壤有机物中养分的释放及水溶肥料的施用效果。

四是土壤水分能够影响施用的水溶肥料及土壤中原有养分的有效形态、移动和扩散的范围，从而影响植物吸收。土壤水分的多少，影响土壤对养分的吸收或者解吸的数量和速度，进而影响水溶性复混肥料的施用效果。

五、离子间相互作用的影响

土壤和作物组织中的不同养分离子之间存在相互促进或相互抑制的作用，它对作物养分吸收、生长发育和产量形成等有较大的影响。了解养分离子间的相互作用，对维持农田养分平衡、提高施肥效果等有重要的作用。

养分离子间存在协同作用，如施用氮肥通常促进植物对磷的吸收。氮、磷一起施用可促进作物体内氨基酸、核酸和蛋白质的合成，有利于地上部和根系生长。其增产效果一般都超过单独施用，表现为明显的协同作用。氮、钾之间也有密切关系，K^+ 能促进 NH_4^+ 和 NO_3^- 吸收，促进作物体内氨基酸运输和蛋白质合成，也表现为协同作用。

不同阳离子之间也存在拮抗作用，如 Ca^{2+} 对 Mg^{2+} 和 K^+、K^+ 对 Mg^{2+} 的吸收有抑制作用。在有效镁缺乏的土壤上，施用钾肥往往会引起植株中镁含量明显降低，导致作物患缺镁症。同样，在土壤有效钾或镁低时，大量施用石灰也可能引起作物缺钾或缺镁。

六、土壤的氧化还原状况

土壤的氧化还原状况通过影响根系吸收养分的形态和有效性而影响施肥效果，它是决定土壤中养分转化方向的一个重要因素。土壤的氧化还原性不同，营养元素的状态及其有效性也有所不同。

土壤氧化还原电位的变化可影响土壤中变价元素的生物有效性。如高价铁、锰化合物（Fe^{3+}、Mn^{4+}）是难溶性的，不易被作物吸收。在还原条件下，高价铁、锰被还原成溶解度较高的低价化合物（Fe^{2+}、Mn^{2+}），增加了作物对其吸收的有效性。

土壤氧化还原状况还影响养分的存在形态，进而影响它的有效性。如土壤氧化还原电位大于 480 毫伏时，以硝态氮为主，适于旱地作物的吸收；当氧化还原电位小于 220 毫伏时，则以铵态氮为主，适合水稻的吸收。

第三章　水溶性复混肥料施用载体

第一节　喷灌系统

一、喷灌系统简介

　　喷灌是由水泵加压或自然落差形成的有压水通过压力管道输送到田间，最后通过喷头喷射到空中，形成细小水雾滴，压力稳定的情况下可以均匀地喷洒到叶片的表面和地表上。喷灌具有节水、增产、适应性强等特点，适用于多种作物的灌溉。喷灌系统一般包括水源、首部枢纽、系统管网及喷头等。图3-1是灌溉系统组成示意图，左侧为喷灌，右侧为滴灌。

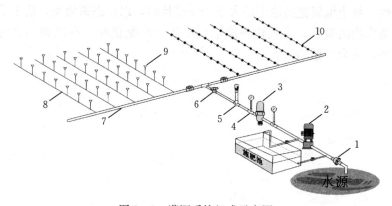

图3-1　灌溉系统组成示意图

　　1. 逆止阀　2. 水泵　3. 过滤器　4. 压力表　5. 空气阀　6. 球阀　7. 干管　8. 支管　9. 喷头　10. 滴头

二、喷灌施肥技术的优缺点

喷灌施肥是指把肥料溶解在灌溉水中，通过喷灌设备，水肥结合施用的一种施肥方法。喷灌施肥由于肥料呈溶液状态，与灌溉水同时渗入根区，易于根系吸收利用，部分养分还可通过叶部吸收。研究表明，水溶肥料利用率氮为 $80\%\sim90\%$、钾为 $80\%\sim90\%$、磷为 $40\%\sim60\%$，比一般的固体肥料利用率高 $2\sim3$ 倍。喷灌施肥可以根据农作物生长发育中对养分的需求，少量多次施肥，一般可节省氮肥 $11\%\sim29\%$，是各种施肥方法中氮肥利用率较高的一种施肥方法。喷施水溶性复混肥料常见的方法有泵吸肥、泵注肥、施肥机施肥等。

1. 喷灌施肥技术的优点

（1）提高肥水的均匀性　喷灌可以比较均匀地将肥水喷洒于作物的叶片上，同时喷洒到地面上的养分也能随水入渗到作物的根系活动层。

（2）养分吸收快　利用喷灌系统施肥，少量肥液铺展到作物叶片上，这些肥液通过叶面的气孔或透过角质层进入叶肉细胞。叶片吸收养分比根系吸收养分的速度更快、利用率更高。

（3）改善田间小气候　由于喷灌是将细小的水雾滴喷洒于作物四周的环境当中，能改善田间小气候，以最小的耗水量为作物提供了有利的生长条件。如调节温度和相对湿度，在干燥炎热的时期喷灌可以提高空气的湿度，起到降温的作用；在寒冷的季节，喷灌还能防止霜冻的发生。

（4）保护土壤结构　喷灌对耕作层不产生机械破坏，能保持土壤团粒结构，使土壤疏松、孔隙多，促进养分的分解与微生物多样性的提高。

（5）施肥简单、省时省工　只需要打开出肥口的阀门即可完成施肥作业，先进的喷灌系统一般还搭配自动化控制系统，施肥效率高。

2. 喷灌施肥技术的局限性

（1）受风速及空气湿度影响较大　当风速超过四级（ $5.5\sim7$ 米/秒）时，能吹散喷出的水滴，极大影响灌溉的均匀性，飘移损失也会增大。空气湿度过低的情况下，喷出的水雾滴蒸发损失显著。如果此时施肥，会导致施肥不均匀。

（2）易诱发病害、滋生杂草　在我国南方地区，使用喷灌形成的高湿环境，容易引起病害的传播。另外，喷灌施肥很容易滋生杂草，增加除草剂和人工，同时也造成了水肥的浪费。

（3）耗能较大　为使喷头运转正常以及达到要求的均匀性，水压必须满足条件，一般在压力条件达不到要求的情况下都必须使用增压设备。

（4）水质要求高　水源过滤不干净，或者肥料中的不溶物过多等都会引起喷头的堵塞，增加维护的成本。

三、影响喷灌应用效果的关键因素

选择利用喷灌进行水溶肥料的喷施首先必须要遵守平衡施肥的原则。另外，也必须注意以下几个方面：

1. 灌溉水质需要达标

需要提前了解灌溉水的硬度和 pH，避免产生沉淀，降低肥效。如果灌溉水 pH 大于 7，表明水偏碱性，可能会造成水溶肥料中铵态氮的挥发损失。如果水的硬度大，钙、镁含量高，再加上水偏碱性，当施用水溶性磷肥时，可能会产生磷酸钙盐沉淀。在水硬度大的情况下，建议采用酸性肥料，如磷酸尿素、酸性水溶肥料等。磷肥由于在土壤中移动性差，通常建议作为基肥施用。

2. 避免过量灌溉

过量灌溉不但浪费水，严重的还会将养分淋洗到根层以下，造成肥料的浪费。特别是尿素、硝态氮肥（如硝酸钾、硝酸铵钙、硝基磷肥及含有硝态氮的水溶性肥）极易随水流失。

3. 大风天气避免使用喷灌

强度较高的自然风对喷灌雾滴的飘移性影响极大，极大降低施肥的均匀性。

4. 施肥时间与间隔

尽量选择晴天的早上或者傍晚进行水溶肥料的喷施，最大化地降低蒸发率，提高养分的利用效率。一般水溶肥料的肥效时间较短，间隔周期为 10 天左右，在某些作物某个生育期需肥较大的时候，可将时间压缩为 7 天左右一次。根据灌溉施肥少量多次的原则，在施肥阶段，每次灌溉结合施肥效果最佳。

5. 需要遵循少量多次的施肥原则

减少一次性大量施肥可能造成的叶片灼伤及淋溶损失。少量多次施肥是喷灌施用水溶肥料利用率高的最重要的原因。

6. 安全施用

喷灌施肥要注意防止肥料浓度过大烧伤叶片和根系。通常控制肥料溶液的电导率在 1～3 毫西/厘米，或每立方米水溶解 1～3 千克肥料，相当于稀释 350～1 000 倍，或喷施肥料后喷一次清水。

7. 需要遵循基肥与追肥结合，有机肥与无机肥结合，水溶肥料与常规肥料结合的施肥模式

由于成本原因，水溶肥料无法代替其他肥料，需要配合使用，降低成本，发挥各种肥料的优势。通常基肥施用有机肥、磷肥、镁肥等，追肥用水溶肥料。

8. 无机水溶肥料与有机水溶肥料配合施用

现在常用的有机水溶肥料有氨基酸、黄腐酸、海藻多糖等。这些物质有刺激根系生长、螯合金属微量元素、提高作物抗逆性等功能。无机水溶肥料与有机水溶肥料配合施用会显著促进养分吸收，提高肥料的利用效率。

9. 设备维护

肥料容器一定要安装在过滤器之前，防止未溶的肥料颗粒或者其他不溶的固体杂质进入喷灌管道。施肥之后必须用清水喷一段时间，避免管道内残留的肥料液体造成腐蚀。在水源与肥料容器之间需要安装逆止阀，以免肥料回流到水源造成污染。

第二节　滴灌系统

一、滴灌系统简介

滴灌就是滴水灌溉技术，它是将具有一定压力的水，由滴灌管道系统输送到毛管，然后通过安装在毛管上的滴头、孔口或滴灌带等灌水器，将水以水滴的方式均匀而缓慢地滴入土壤，以满足作物生长需求的灌溉技术。它是一种局部灌水技术。由于滴头流量小，水分缓慢渗入土壤，因而在滴灌条件下，除紧靠滴头下面的土壤水分处于饱和状态外，其他部位均处于非饱和状态，土壤水分主要借助毛管张力作用入渗和扩散，若灌水时间控制得好，基本没有下渗损失，滴灌时土壤表面湿润面积小，有效减少了土面蒸发损失，节水效果非常明显。滴灌系统由水源工程、首部枢纽工程、输水管网、灌水器四部分组成（图3-2）。

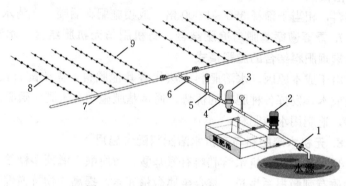

图3-2　滴灌系统基本组成示意图

1. 逆止阀　2. 水泵　3. 过滤器　4. 压力表　5. 空气阀　6. 球阀　7. 干管　8. 毛管　9. 滴头

二、滴灌施肥技术的优缺点

只要成行或起垄种植的作物都可以采用滴灌，如葡萄、桃、梨、苹果、柑橘、荔枝、香蕉、茶树等果树和经济作物，番茄、黄瓜、茄子等垄作蔬菜，盆栽花卉、袋植苗等也有很好的应用前景。新疆、内蒙古等地的玉米、小麦也采用膜下滴灌技术。滴灌发展到现在，已不仅仅是一种高效灌水技术，它与施肥、施药等农技措施相结合，已成为一种现代化的农业综合技术。

1. 滴灌施肥技术的优点

（1）水肥耦合，均衡供给，节水省肥　滴灌施肥是一种精确施肥法，直接把作物所需的肥料随水分均匀地输送到植物的根部，满足作物对水分和各种养分的需求。同时，滴灌施肥可灵活、方便、准确地控制施肥时间和数量。与常规施肥相比，滴灌施肥可节省肥料用量30%甚至50%以上。由于水肥的协调作用，可以显著减少水的用量。加上设施灌溉本身的节水效果，节水50%以上。

（2）施肥效率大大提升　只需要打开阀门、合上电闸，或者打开自动控制系统就开始施肥。比传统施肥方法节省人工90%以上。施肥速度快，效率高，千亩面积的施肥任务可以在1～2天内完成。

（3）实现精准施肥　滴灌施肥可以根据作物的需肥规律施肥，吸收量大的时候多施肥，吸收量小时少施肥。很多作物封行时正是需肥高峰期，但人进不了田间，无法追肥（如马铃薯、甘蔗、菠萝等），而滴灌则不受限制，可以随时追肥。由于精确的水肥供应，作物生长速度快，可以提前进入结果期或早采收。

（4）减轻作物病虫草害　土壤中的很多病原菌是通过水的流动传播的，如辣椒疫病、番茄枯萎病、香蕉巴拿马病等。由于滴灌是单株独立灌溉，不存在地面径流，土壤中也不存在水的侧向流动，因而可以有效控制一些土传病害的发生；滴灌时土面蒸发小，能降低温室和大棚内的湿度，减少病害的发生；滴灌施肥只湿润根层，行间没有水肥供应，杂草生长也会显著减少。滴灌可以将药剂均匀分布于根系范围，可以显著防止线虫的繁殖。

（5）水肥调控　由于滴灌容易做到精确的水肥调控，在土层深厚的情况下，可以将根系引入土壤底层，避免夏季土壤表面的高温对根系的伤害。

2. 滴灌施肥技术的缺点

（1）滴灌容易堵塞　通常机械杂质引起的堵塞可以安装合适的过滤器解决。但过滤器通常无法阻止离子间化学沉淀进入管道，离子间化学沉淀会缓慢累积在滴头的流道内，时间一长会引起堵塞，如硫酸钙、碳酸钙等的沉淀。还有滴肥后没有及时洗管道也会导致滴头处生长藻类及微生物，最后堵塞滴头。在过滤系统正常配置的情况下，只要管理措施到位，滴灌是不会堵塞的。

（2）限制根系生长　由于滴灌只部分湿润土体，而作物根系具有趋水趋肥性，如果管理不善，容易导致根系生长区域过窄。但可以通过合理设计、正确布置滴头和调控滴灌时间加以解决限根问题。

（3）盐分积累　滴灌条件下，土壤盐分积累在湿润区边缘。连年使用可能会导致盐分累积。现在采用膜下滴灌及测土配方施肥可以尽量减少盐分的累积。在降雨充沛的地区，雨水会起到洗盐的作用。

三、影响滴灌应用效果的关键因素

1. 过滤设施的选择与应用

目前，滴灌使用过程中反映最为强烈的是滴头的堵塞问题。这其中既有滴灌系统本身的原因，如滴头流道尺寸较小易引起堵塞，也包括管理的因素。堵塞原因按性质分为三类，如下：

（1）物理堵塞　物理堵塞是指水中含有一些有机和无机悬浮物，进入系统后产生的堵塞。无机悬浮物一般由沙粒、粉粒、黏粒等组成；有机悬浮物包括浮游生物、枯枝、落叶及藻类等。对于物理因素引起的堵塞，可以通过沉淀池或安装多种过滤器解决。

（2）化学堵塞　这里主要是指化学沉淀堵塞。在一定条件下，灌溉水中的无机沉淀物质可能停留在管网及各组成部分。化学堵塞过滤器不能解决。微小的沉淀粒子可以通过过滤器，但在滴头的流道内由于水压逐渐减至零，沉淀粒子无法移动，逐渐积累在流道内，达到一定数量后就堵塞滴头。在南方，pH 较小的水中，当含铁量较高时，易形成氢氧化铁沉淀而堵塞滴头。这一现象在使用井水作为灌溉水源的地方出现的概率更大。对于由 pH 较高的硬水（含碳酸钙、碳酸镁等）引起的堵塞，可以采用酸液冲洗的办法进行处理。而由铁、锰等引起的堵塞，一般可以通过适当增大系统所使用滴头的流量，以减少堵塞现象的发生。或者是在灌溉水进入系统之前先经过一个曝气池进行曝气处理，使铁、锰等先被氧化、沉淀而不进入系统。在硬水区，常用酸性肥料，可以溶解碳酸钙，预防磷酸钙、硫酸钙等的沉淀。

（3）生物堵塞　主要是由于藻类、细菌、浮游动物等引起的堵塞。大于过滤器孔径的生物体可以由过滤器过滤掉，这就是说来自水源的生物体一般不会造成滴头堵塞。目前，田间最常见的滴头生物堵塞主要是施肥后没有冲洗管道导致的。施肥后不洗管，滴头处会残留肥液，在光照水分适宜时，微生物和藻类生长达到一定数量后，则堵塞滴头。因此，滴灌施肥后要求滴清水一段时间，把管道内残留的肥液全部排出。至于滴清水的时间则由轮灌区的大小决定。一般时间在5～30分钟为宜。

针对上述堵塞原因，在系统设计及运行管理时可以采取如下措施：

（1）过滤器的选择　水源水质的不同，过滤器种类的选择也不同。水质清澈，只是一些漂浮的杂质，或是其他粗颗粒杂质，可以选择120目的叠片过滤器，能够很好地过滤这些杂质，使用简单方便，价格也便宜。当水质比较浑浊，细泥沙细颗粒多，选择介质过滤器（砂石过滤器），配合沉沙池使用，过滤效果良好。对含粗沙较多的井水或河水，建议配置离心过滤器（砂石分离器）。除了选择合适的过滤器以外，水源源头也要过滤杂物。如沟渠、水塘、水池等建拦污网，水泵吸水口动态浮在水面，避免固定在水池底部。肥料池出口还必须包扎80目以上的纱网，可以减轻过滤器的负担，减少清洗的次数。

（2）肥料的选择　滴灌的一半功能是施肥。但使用不恰当，会引起系统大面积的堵塞，严重还会使全部滴灌系统报废。滴灌必须使用溶解性好的肥料，杂质少，溶解快速。常用的滴灌肥料有滴灌专用配方肥、悬浮肥、其他水溶肥料等。此外，一些单质肥也可以使用，如尿素、白色氯化钾、硝酸钾、液体磷酸铵、磷酸二氢钾等。特别注意的是，有些肥料不能混合使用，如磷肥和硝酸钙、硫酸镁等，一起溶解会发生反应，生成难溶的沉淀，堵塞滴头（上面提到的化学堵塞，过滤器无法阻止）。如果对肥料间的反应不清楚，最好先用小杯溶解试验，不反应生成沉淀，即可混合使用。若是施用有机肥，需沤肥后，施用过滤后的上清液。施肥结束后，还必须及时冲洗管道，将残留的肥液滴出，防止微生物的生长。很多用户施肥结束后，没有立即继续滴清水冲洗管道，过后也忘记冲洗，在适宜的温、湿度条件下，滴头处开始长青苔等，造成滴头堵塞。

水不溶物含量是判断水溶肥料质量的重要指标。肥料中的水不溶物是导致滴灌系统中过滤器堵塞的主要原因。如水不溶物的含量过高将导致过滤器很快被堵塞，滴灌系统无法正常工作。在生产实践中，一般认为当滴灌系统过滤器两端的压力差达到 30~50 千帕时就表明过滤器已经堵塞，此时需清洗过滤器。编者的试验表明，在施肥速度为 6 米³/时，使用 120 目、直径 50 毫米的叠片过滤器，以膨润土为肥料的填充料的前提下，当滴灌系统中施用水不溶物含量分别为 5.0%、4.0%、3.0%、2.0% 的肥料时，过滤器两端的压力差分别在 6 分钟、8 分钟、10 分钟、15 分钟达到 50 千帕，而水不溶物含量为 1.0%、0.5% 的肥料和清水对照，在肥料施完后过滤器两端的压力差分别为 43 千帕、10 千帕、4 千帕。以 30 分钟为限观察含水不溶物 0.5%、1.0%、2.0%、3.0% 的水溶肥料通过 120 目过滤器，过滤器两端的压力差分别为 10 千帕、33 千帕、96 千帕、139 千帕。通常施肥时间在几十分钟至几小时，当采用滴灌时，水溶肥料的水不溶物含量至少应小于 0.5%，否则要频繁清洗过滤器。一般肥料溶解后含杂质的多少肉眼即可观察到（图 3-3）。

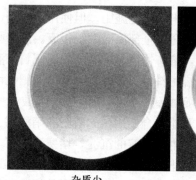

杂质少   杂质多

图 3-3　肥料含杂质过多会严重堵塞过滤器与滴头

2. 灌溉均匀性问题

设施灌溉的基本要求是灌溉均匀，保证田间每株作物得到的水量一致。灌溉均匀了，通过灌溉系统进行的施肥才是均匀的。在田间可以快速了解灌溉系统是否均匀供水，以滴灌为例，在田间不同位置（如离水源最近和最远、管头与管尾、坡顶与坡谷等位置）选择几个滴头，用容器收集一定时间的出水量，测量体积，折算为滴头流量（图 3-4）。

收集水量　　　　　　　　　测量体积

图 3-4　灌溉均匀性测定

判断滴灌好坏的一个最重要标准是滴头出水的均匀性，一般要求不同位置流量的差异小于 10%。如果流量差异大于 10%，表明灌溉系统设计存在缺陷，如压力不够、管道铺设过长、出水器质量低劣、电压过低、过滤器太密堵水严重等。只有灌溉均匀，施肥才均匀。水肥均衡供应，整个田间作物长势才能均匀。

（1）滴头流量与水肥在土壤中分布的关系　滴头的流量与水肥在土壤中的分布有直接的关系。针对浅根系作物与深根系作物要选择合适流量的滴头，这样才能保证灌溉水与养分在根区的合理分布，提高水分与养分的利用效率，否则就容易造成灌溉的不均匀，造成同一地块作物生长差异较大，如图 3-5 所示。

针对不同的土壤质地选取合适流量的滴头也非常关键。在粗沙

图 3-5　灌溉不均匀，致使作物生长差异大

质土壤上，孔隙度大，宜选择流量在 3.0 升/时以上的滴头，这样可以增加水的横向扩散，纵向深度降低。否则流量过小的滴头水的下渗速度远大于侧渗速度，肥水会局限在滴头正下方较窄的一个范围内。例如，流量在 1.3 升/时左右的滴头，肥水就主要局限在滴头正下方5～10厘米宽的范围内。但也可以通过增加滴头间距来调控滴头下的湿润范围。

细沙土、沙壤土和壤土的孔隙度相对粗沙土则要小很多，横向扩散并不存在问题，这时候宜选择流量适宜的滴头，可以在 2.0～2.5升/时流量范围内选择。

黏土与沙土的情况则正好相反，入渗速度慢，而向四周扩散的速度快，地表易积水。在这种情况下则宜选择流量相对较小的滴头。视土壤黏重程度，滴头流量可以在 1.1～2.0 升/时范围内选择。如图 3-6 所示，在黏壤土上滴水量相同、滴头流量不同的情况下，土壤的湿润情况会存在较大差异。

（2）工作压力和流量的关系　对于非压力补偿的滴灌带（或

图 3-6 黏壤土上滴头流量 0.6 升/时（左）与滴头流量 1.6 升/时（右）
滴 5 升水后的湿润状态示意图

管），滴头压力不同则流量不同。在设定的工作压力下，滴头下的
每株作物得到的水肥是相对一致的（图 3-7）。如果滴头的工作压
力低于或高于设定压力，则离输水管近的出水多，离输水管远的出
水少。滴水量不一致，则作物获得的肥料量也不一致（图 3-8）。
当存在滴头堵塞时，被堵的滴头处的作物得到的水肥都减少，生长
受抑制（图 3-9）。

图 3-7 滴灌带在正常工作压力下

图 3-8 滴灌带在低于正常工作压力下

图 3-9 滴灌带在正常工作压力下，但存在滴头堵塞的情况

（3）选择合适的滴头类型　滴头分为普通滴头和压力补偿滴头。普通滴头的流量与压力成正比，通常在地势较为平坦的地块使用。而压力补偿滴头可以在一定的压力变化范围内保持均匀的恒定流量（一般80～35千帕）。在我国南方丘陵山地的茶园、果园和林区的地形往往存在不同程度的高差，用普通滴头就会导致出水出肥不均匀，通常表现为高处肥水少、低处肥水多，这样就会造成处于不同高差的作物长势差异。用压力补偿滴头就可以解决这个问题。日常使用中，为了保证管道各处的肥水流量均匀一致，在地势起伏高差超过3米时，就应该使用压力补偿滴头。当一条滴灌管需要铺设较长的距离时，也建议采用压力补偿滴灌管。

3. 过量灌溉问题

利用设施进行灌溉施肥的时候需要注意过量灌溉对肥效的影响。水溶肥料随水灌溉时只需要让根层土壤湿润，否则会造成肥料的淋洗。

（1）避免过量灌溉的方法　灌溉与施肥都应该针对根系进行，因此一定要了解作物的根系分布深度。最简单的办法就是用小铲挖开根层查看湿润的深度，从而判断是否存在过量灌溉。有条件的种植户可以在地里埋设张力计检测灌溉的深度。

（2）雨季施肥时避免过量灌溉的方法　雨季的时候，土壤不缺水，但施肥还需要照常进行。一般等雨停或者土壤稍微干燥的时候进行施肥作业。如采用滴灌施肥，此时施肥时间一定要短，一般控制在10～30分钟完成。施肥完成后不用着急洗管，可以等到天气晴朗后再洗管。如果有电导率仪监测土壤溶液的电导率，可以精确地控制施肥时间，确保肥料不会被淋溶。

4. 施肥量与次数

长期以来，很多种植户都存在一个误区，即施肥越多效果越好，实际并非如此。作物生长过程中营养元素很重要，但是过量施肥是存在危害的，其中氮、磷、钾最容易发生施肥过量问题。氮、磷、钾是作物生长过程中必需的三大元素，但是氮、磷、钾的施用量需要根据作物需求来定，比如苗期、花期和膨果期的施肥量是不同的。

氮肥施入过多会让作物的生长期延长，主要表现在细胞壁薄，植株柔软，易受机械损伤（倒伏）和病害侵袭（比如褐锈病、小麦赤霉病、水稻褐斑病等）。磷肥施入过多会导致作物黄化，常年施用重过磷酸钙就会出现缺硫的症状。钾元素过剩则直接破坏土壤结构，引起叶菜"腐心病"、苹果"苦痘病"等多种病害的发生。

目前，水溶肥料的应用越来越普及。与普通肥料相比，水溶肥料的吸收效率更高，因此更容易出现施入过多的情况，需要严格控制施肥量。

少量多次施肥是水溶肥料利用效率高的重要原因之一。少量多次符合作物根系不间断吸收养分的特点，同时也减少了一次性大量施肥所造成的淋溶损失，是水肥一体化技术及水溶肥料应用的最重要原则。以色列因为推广了自动化施肥技术，所以少量多次施肥得到普及。在作物旺盛生长期，每天可以施用3～4次肥，但每次的施肥量都非常少。

5. 施肥顺序

肥料随同灌溉水进入田间的过程叫作灌溉施肥。以滴灌为例，在实际操作当中是先滴水还是先滴肥呢？

这里需要了解养分淋洗是如何发生的。养分淋洗是指土壤中可溶性养分随渗漏水向下移动至根系活动层以下导致的养分损失过程。土壤养分淋失量直接受土壤渗漏水量的影响。如果先滴肥后滴水，在灌溉完成以后绝大部分的养分会被淋洗到根层以下，作物吸收不到养分，肥料也白白浪费了。正确的滴灌施肥顺序应该分3个阶段：第一阶段，湿润根区；第二阶段，开始滴肥；第三阶段，滴清水5～30分钟（时间长短与轮灌区大小有关），促进养分下移到根区的同时也清洗灌溉系统。这样既能保证灌溉的充分，养分离子也会在根区附近分布。

6. 肥料混用的相容性

所谓化肥混用的相容性是指在作物施肥时，几种肥料混合在一起施用，养分不损失，有效性不降低。但不同化肥的理化性质有差异，混合时可能会产生化学反应，影响肥料肥效。有些肥料能混合施用，有些肥料混合后应马上施用，有些肥料不能混合施用（表3-1）。

表3-1 常用肥料的相容性

肥料种类	尿素	硫酸铵	磷酸铵	氯化钾	硫酸钾	硫酸镁	硝酸钙	硫酸铁（锌、铜、锰）	螯合铁（锌、铜、锰）
尿素	—	√	√	√	√	×	√	√	√
硫酸铵	√	—	√	×	√	×	×	√	√
磷酸铵	√	√	—	√	√	×	×	×	×
氯化钾	√	×	√	—	√	√	√	√	√
硫酸钾	√	√	√	√	—	√	√	√	√
硫酸镁	×	×	×	√	√	—	√	×	√
硝酸钙	√	√	×	√	√	√	—	×	×
硫酸铁（锌、铜、锰）	√	√	×	×	×	×	×	—	√
螯合铁（锌、铜、锰）	√	√	√	√	√	√	√	√	—

注："√"为两种物质相容性好；"×"为两种物质不相容，会产生沉淀。

不同水溶肥料之间能否混配最好先做小实验，看看混合后是否产生沉淀、产生大量热量等。例如，将水溶性磷酸一铵与硝酸钙混合就会产生大量的沉淀，高浓度的水溶肥料液体与微生物肥料混合则有可能杀死有益微生物或抑制其生物活性等。利用无人机进行肥料喷洒更需要注意。如果肥料之间混合后产生沉淀，将会造成无人机喷头堵塞，造成不必要的麻烦。

不同肥料之间是否能混配，还需要考虑肥料混合后养分配比是否合理。如果肥料混合后养分配比合理，不但事半功倍，还会进一步提高施肥效果，起到"一加一大于二"的作用；但是如果肥料养分配比不合理，则会造成"一加一小于二"的效果，甚至会造成作物的生长障碍。

　　因此，在实际操作时对肥料之间的混配需要格外注意。混配后无不良反应的还需要做小规模的田间对比试验，观察是否会对作物的叶片等有灼伤、与单独喷施相比效果是否有差异等。混合后会产生沉淀的肥料应单独施用，即第一种肥料施用后，用清水充分冲洗系统，然后再施用第二种肥料。

第三节　喷　水　带

一、喷水带简介

　　喷水带是一种新型微灌设备，也称"微喷带""微灌带""喷灌带"等（图 3 - 10）。喷水带灌溉技术是我国 2000 年以后才发展起来的一项微灌新技术。相比于其他设施灌溉技术，喷水带只需要在软带上激光打孔即可直接喷水。喷水带日常管理简单，维护成本低，农户可自行安装，轮灌区大小根据压力可随意调整。这些优点促进了喷水带的快速推广应用。喷水带工作的原理是将水用压力经过输水管和喷水带送到田间，通过喷水带上的出水孔，在重力和空气阻力的作用下，形成细雨滴的喷洒效果。喷水带目前在蔬菜、果树、花卉、苗圃上应用较多，尤其是一些大棚种植区域。当喷水带

图 3 - 10　喷水带在田间应用

覆膜时，就相当于大流量的膜下滴灌。

二、喷水带施肥技术的优缺点

从我国目前喷水带应用范围来看，无论是北方的大田作物，还是南方的经济作物，喷水带均有应用。应用效果方面，利用喷水带进行灌溉或者施肥效果不佳的情况也有发生，主要问题还是缺乏科学的灌溉制度，少量多次的高频灌溉在实际应用中并未得到落实，尤其是在大田作物区域。种植者往往采用传统的灌溉制度，在灌溉时间和灌溉次数上都未按照科学要求做。例如，在有些小麦产区，整个生育期仅灌溉两次，造成小麦的早衰、穗粒数减少等。因此，想要利用喷水带获得良好的应用效果，必须根据作物的需水、需肥特性制定科学的灌溉施肥方案。

1. 喷水带施肥技术的优点

（1）对作物友好 由于开孔较大，喷射力度较小，利用喷水带进行灌溉施肥不会打伤作物叶片，时间合适不会造成积水，能维持良好的土壤性状。

（2）投资低、高效实用 相比较喷灌、滴灌，喷水带安装成本低，系统压力较低，一般只有 30～50 千帕，对水泵的功率要求低。管道轻、耐腐蚀、耐冲击，搬运储藏方便。

（3）不容易堵塞 孔径相对较大，不容易堵塞。

（4）减少病虫害 改善田间小气候，减少因干旱引起的病虫害的发生概率。

2. 喷水带施肥技术的缺点

（1）施肥精准度不够 实际使用时由于管材柔软，打孔的精度很难达到理想的要求，尤其是通水以后水压也很容易造成喷水带扭曲，会造成肥液没有喷向理想的降落区域。

（2）易损耗 水压过高的情况下可能造成胀裂，损坏喷水带。使用中不当拉伸或者弯折都可能会造成强度降低甚至破损。而且其管壁较薄，一般都是 0.5 毫米以下，容易被地上尖锐的石头等划破。

三、喷水带施肥需要注意的问题

1. 喷水带在使用时必须要注意喷洒的效果

如果喷水带出现水流分散、喷洒范围较小、射程短等情况就要考虑是否是供水管路压力不足的问题。如果压力不足就需要对管道进行增压。还有可能是喷水带的喷洒宽幅不够，因此在选择喷水带时需要根据作物的种植间距等因素，选择水孔布局合适的喷水带。

2. 压力不稳定或者地形造成的喷水带偏移

如果喷水带的布局出现偏移则出水孔无法按照设定的角度和方向进行喷洒，这样会极大影响灌溉和施肥效果。因此，需要在安装的时候在喷水带适当的位置进行固定，在出现偏移的时候通过人工调整的方式将喷水带调整到理想的位置后进行固定即可。

3. 注意喷水带管材的维护

在铺设喷水带的时候需要对地上尖锐的石头等杂物进行清理，以免划伤管道，因为常用的喷水带的壁厚都很薄。同时在第一次使用的时候需要检测其能承受的压力，以免将喷水带撑爆。

4. 日常使用维护

在使用一段时间后可以将喷水带的管尾解开进行冲洗；在有些出水孔已经堵塞的情况下，可以尝试轻轻拍打管壁，重新疏通出水孔。

5. 注意喷水带的喷射角度和范围

利用喷水带进行水溶肥料喷施的时候需要根据作物的根区分布方位合理调整喷水带的喷射角度和范围，切勿离根区过远或者喷洒在地形的下坡处造成肥料的浪费。

第四节　无　人　机

无人机在农业应用中具有效率高、机动灵活等优势；其不会受限于作物长势的变化，即使在作物封行以后仍然能够高效完成作业任务；同时，无人机的单位面积作业成本也远低于地面作业，而且不会对地面作物造成破坏（如轮胎碾压）。谈到无人机在农业方面的应用，人们首先想到的就是喷洒农药，这是无人机最常见的农业应用方式。此外，它还可以应用于农田勘测、播种、授粉及施肥等作业。相比于传统施肥方式，无人机施肥具有省时省力、安全可靠、施肥均匀、施肥效率高、不受地形限制等特点。

一、无人机系统简介

一般农用无人机的构造包括飞行平台、飞行控制系统、任务设备和地面设备四大部分。飞行平台指飞机的结构架或机架，目前市面上主流的农用飞行器机架一般主要采用轻物料制造，以减轻无人机的自身重量，如碳纤维材料；飞行控制系统是无人机完成起飞、飞行、作业和返航等整个飞行作业过程的控制系统，是无人机的核心部件；任务设备指无人机搭载的任务载荷，如可见光、热成像、多光谱、高光谱等成像设备等，任务设备只有在进行农田测绘、养分诊断等操作时才会使用到；地面设备主要负责飞机的作业规划，如航线的规划、飞行模式调整等，同时还具有图像显示、数据处理等功能，包括遥控终端、移动基站等。

二、利用无人机施肥的优缺点

1. 利用无人机施肥的优点

利用无人机进行水溶肥料的喷施目前处于起步阶段，相关技术也在不断进步完善之中。目前，影响无人机施肥应用最主要的限制因素就是无人机续航及载重的问题。但是从实际应用来看，利用无人机进行肥料喷施优势也比较明显。

（1）作业方便　在没有灌溉设施的情况下，作物生长后期经常有脱肥情况出现，但此时已封行，人工追肥非常困难，利用无人机喷施液体肥料就能很好解决后期脱肥的问题。

（2）均匀性好　通常无人机搭载多个离心式喷头，在飞行高度、飞行速度等条件均一的情况下，无人机能很好地保证肥料喷施的均匀性问题。

（3）可变量施肥 利用无人机搭载的红外成像设备，能快速精准地为不同区域的作物进行养分诊断，利用此技术可以实现施肥的有的放矢，大大减少肥料的浪费。

（4）不受地形影响 无人机可以在平原、丘陵、山地等多种复杂的地形条件下进行施肥作业，由于是在空中作业，对作业地形几乎没有要求。

（5）高效快速 目前的技术已经能实现一个操作员可同时操控多台无人机，工作效率得到极大的提升。

（6）雾化程度高 利用无人机进行液体肥料喷施，其雾化程度较高，在作物叶面分布均匀，能快速被作物吸收，在作物缺素症状明显的情况下效果显著。

（7）一机多用 喷药与施肥可单独使用，也可以将农药与肥料混合在一起喷施（需提前确定混配性），减少作业成本。

2. 利用无人机施肥的缺点

目前，利用无人机进行水溶肥料的喷施也会有一些需要克服的缺点。

（1）天气因素影响大 由于无人机喷施属于移动式，在风力较大的情况下肥液极易出现飘移，严重影响肥料施用的均匀性。

（2）续航短、载重小 这是目前技术的瓶颈，暂无法克服。

（3）标准缺失 目前，从业人员仅依靠厂家进行飞行操控的培训，但是针对不同地区、不同作物、不同生育期等作业标准还需要不断完善。

三、无人机施肥需要注意的问题

1. 肥料的选择

首先需要明确一点，水溶肥料叶面施肥不能完全取代根系施肥，必须与根系施肥相结合才能获得良好的效果。另外，无人机续航与载重有限也导致无人机无法进行用量较大的肥料的喷施作业。一般使用无人机来进行追肥阶段的肥料喷洒。目前，无人机喷施的液体肥料主要有液体缓释氮肥、液体复合肥、各种中微量元素叶面肥、生物刺激素等。利用无人机进行肥料的喷施，水溶肥料的选择需要从下面几个方面综合考虑：

（1）必须选择 pH 适宜的水溶肥料　营养元素在不同的 pH 环境下存在不同的状态，一般要求 pH 在 5～8 为宜。如果 pH 过高或者过低，就会影响养分的吸收，严重的还会对作物造成损伤。

（2）选择水溶性好的肥料　水溶肥料中如果存在不溶于水的物质会堵塞无人机的喷头，严重影响作业效率。

（3）选对适用的肥料　目前，市场上的水溶肥料产品种类繁多，包括大量元素型、中量元素型、微量元素型、氨基酸型、腐植酸型等。在基肥充足的情况下，适宜选择中微量元素型水溶肥料来进行无人机的喷施。

（4）无人机喷施的液体肥料要求盐分指数低、养分含量高、稀释倍数小　一般稀释倍数 2～50 倍，远小于常规喷雾几百上千倍的稀释倍数。尽量选择无人机专用的液体肥料来进行喷施作业。

2. 合适的浓度

叶片主要通过叶面气孔和表皮亲水小孔吸收养分，也可以经胞间连丝主动吸收养分。由于无人机喷施水溶肥料是直接喷施于作物叶片表面上，作物对肥料的缓冲作用非常小。因此，一定要掌握好水溶肥料的喷施浓度。浓度过低，农作物可吸收的营养元素不充足，使用效果不明显；浓度过高，往往会灼伤叶片造成肥害。同一种肥料在不同的农作物上喷施浓度也不尽相同，实际应用中应根据作物种类而定。

3. 助剂的使用

叶片吸收养分的前提是所施液体肥料能较好地附着于叶片表面，即所施液体肥料要有良好的润湿性。虽然通过增大液体浓度的方法可以提高液体的润湿性，但是高浓度作业非常容易发生灼伤叶片等现象。添加助剂可以很好解决这一问题，在使用合适的助剂后，叶片可由疏水性变为亲水性，极大提高了肥料液体在叶片上的附着时间，进而提高养分的利用率。

无人机在喷肥作业中由于喷施量非常小，雾化程度较高，作业时经常会发生肥液飘移、喷雾不均匀等现象。飞防助剂的出现则很好地解决了这些问题。一款好的飞防助剂需要具备抗飘移、促沉降、提高兼容性、提高铺展和抗挥发的功能。

飞防助剂主要的功能是抗飘移、促沉降，通过调节雾滴粒径，尤其是减少小于 100 微米粒径的雾滴数量来实现（图 3-11）。另外，使用中通常会肥-肥、药-肥混合喷施，选择好的助剂还可以提高不同溶液之间的相容性。

图 3-11　添加助剂对喷雾效果的影响（左：未添加；右：添加）

常见的助剂类型：有机硅类、高分子聚合物类与植物油类等。

有机硅类助剂可以降低表面张力，有利于雾滴在叶片表面的润湿铺展，减少雾滴反弹，从而提高沉积量。其渗透性比较好，有利于肥料溶液通过叶片气孔直接进入作物体内，促进作物在有限时间内吸收更多的肥料溶液。有机硅类助剂在抗飘移、抗挥发、提高相容性方面作用很小。

高分子聚合物类助剂为天然原料或化工合成，如瓜尔胶、聚丙烯酰胺等，均可提高液滴的黏度，进而提高雾滴粒径，减少飘移。高分子聚合物类助剂还可以提高喷雾液滴的附着力，减少反弹与滑落，从而提高单位面积沉积量，另外还具有降低表面张力的作用。

植物油类助剂是目前使用最为广泛的。植物油类助剂以油菜、大豆等提取的植物油或经酯化的原料制备而成。植物油中含有大量的油酸，其与作物表面的油脂具有亲和力，可以促使肥料液滴在叶片上快速附着及铺展（图 3-12）。另外，植物油助剂还含有大量的脂肪酸，在液滴表面形成分子膜，从而降低水分挥发，还有控制雾滴粒径、减少小雾滴的数量、利于溶解或疏松植物叶表面蜡质层、帮助肥料溶液渗透吸收的作用。

图 3-12　添加助剂后肥料溶液在叶片的铺展效果（左：未添加；右：添加）

一般在稀释好的肥液中添加 1% 的助剂就能达到良好的效果，具体以不同成分助剂的推荐浓度为依据。助剂具有下面几个作用：

（1）降低肥液的表面张力，提高无人机喷头的雾化效果。

（2）提高雾滴的沉降速率，使肥液雾滴可以快速地沉降到作物的叶片表面。

（3）提高雾滴的抗飘移能力，减小自然风及无人机下压气流对雾滴沉降的干扰。

（4）提高肥液的叶面附着力，改善肥液雾滴的润湿性和铺展效果，提高雾滴在作物叶片上的黏附效果。

（5）提高作物对肥料养分的吸收，加快叶片蜡质层的溶解，提高肥料利用效率。

4. 肥料的混配

利用无人机进行多种肥料的混合喷施是一种可行的方式。但是在作业前必须确定不同肥料的混配不会产生化学反应，如可能导致沉淀、产生大量热量、引起肥效的降低等。特别是肥料之间混合后产生沉淀，将会造成无人机喷头的堵塞，造成不必要的麻烦。因此，在混用前必须将需要的肥料按照使用的浓度进行混配的预实验，确定不会产生沉淀再进行小范围的田间小试验，在明确效果以后再进行大范围的喷施作业。

5. 化肥与农药的混合喷施

无人机应用最普遍的就是植保作业，利用无人机同时进行肥料与农药的喷洒，不但极大降低了作业成本，也能大大提高农业生产效率。虽然水溶肥料大部分是偏中性的肥料，可以与大部分的农药混配使用，但是并不是所有的农药都可以与水溶肥料混配一起施用。水溶肥料与农药的混配必须遵循以下原则：

（1）混合后不能降低肥效与药效。

（2）混合后性质稳定，不会产生沉淀等。这里需要注意的是，即使混合性状良好，也必须先进行小范围的试验，观察是否会产生药害或肥害，再大面积使用。

（3）混配的顺序，按照水溶肥料→可湿性粉剂→悬浮剂→水剂→乳油的顺序依次加入，每加入一种都必须搅拌均匀再添加下一种。

（4）混合的肥药液施用时间、部位必须一致。

（5）避免与微生物农药混用。水溶肥料与微生物农药如杀螟杆菌、青虫菌等混用，易杀死微生物，降低防效。

（6）现配现用。

6. 环境参数的影响

环境参数对无人机喷施效果的影响较大，在应用当中必须注意以下几点：

（1）雨天不能进行喷施作业。

（2）作业1小时内遇到中雨，待天气好转以后需要进行补喷。

（3）高温天气不要进行喷施作业，由于无人机喷施的肥料浓度一般都很高，在较高的气温条件下容易引起叶片的灼伤。

（4）风力大于3级尽量不要作业，否则会比较容易引起肥液的飘移，影响施肥的准确性与均匀性。在自然风较为频繁区域，可适当提高雾滴直径减少飞防作业飘移量，保障作业效果。

（5）叶片上有露水时不能作业，否则会严重影响肥液的附着。

7. 飞行参数的影响

雾化程度越高的喷头越要注意风速、风向等因素对施肥准确性、均匀性的影响。在影响飘移的气候条件下进行肥料的喷施，风速是主要影响因素，风速越大则飘移越多。通常一天中风速是经常发生变化的，因此需要尽量选择在风速较为平静的时候进行喷施作业。为减少无人机施肥作业中飘移对施用效果的影响，在风力大于3级时尽量不要作业，否则会比较容易引起肥液的飘移，影响施肥的准确性与均匀性。在自然风较为频繁的区域，可适当提高雾滴直径减少飞防作业飘移量，保障作业效果。日常作业时，通过观察周边树叶的摆动来预判自然风是否会对肥料喷施造成干扰。同时，还需要注意以下飞行参数对施用效果的影响：

（1）飞行高度过高会造成肥液飘移和蒸发加剧，但下压气流对作物叶片的扰动减少。通常作业高度建议选择在 1.8～2.5 米，在保证不产生漏喷、不吹倒作物的前提下尽量降低作业高度，以减小飘移影响。

（2）飞行速度越快，雾滴下降越慢，飘移风险增大，喷头的喷幅会增加，同时对作物的穿透性也越差，植株的中下部雾滴覆盖也越少。因此，在喷施作业中不能一味追求作业的速度，需要优先考虑喷施的效果。通常飞行速度建议控制在 3～6 米/秒范围内，并根据用肥量做适当调整。

（3）避免手动控制无人机进行飞喷作业，人为因素导致的重喷漏喷对作物伤害极大，特别是利用无人机进行高浓度肥液的喷施。宜选用搭载 RTK（实时动态）载波相位差分技术的无人机产品，定位误差极小，确保无人机能够更加精准地飞行和喷洒。

（4）针对不同的作物，合理制定无人机的航线设置，确保飞喷的效果。

（5）喷施每亩用水量越少，飞行速度就必须越快，雾滴的穿透性也就越差。对于高秆作物、密集作物，应适当增加每亩用水量。一般喷施肥料为了追求更好的效果建议适当增加每亩用水量。

第四章 水溶性复混肥料施用的方式方法

第一节 浓度恒定的施肥方法

一、泵注肥法

（一）泵注肥法简介

泵注肥法的原理是通过加压泵将肥料溶液注入有压力的主管道内。通常注肥泵所产生的压力必须要大于主管道的水压，否则肥料可能无法注入管道。在使用深井潜水泵灌溉的地区，泵注肥法是一个非常好的施肥方法。

利用泵注肥法施肥可根据轮灌区的面积和作物的需肥量来计算肥料的投入量，然后倒入施肥池或肥料桶加水充分溶解。在灌溉的后期打开注肥泵的开关，将肥料注入主管道。需要注意的是，注肥后还需继续滴清水5～30分钟，清洗管道残留的肥液的同时使养分下移到作物的根区（图4-1）。

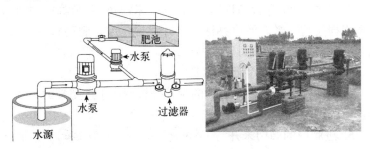

图4-1 泵注肥法示意图及田间应用

（二）泵注肥法优缺点

1. 泵注肥法的优点

（1）泵注肥不消耗系统水压。

（2）施肥速度快慢可灵活调节，通过阀门控制进肥量。

（3）施肥浓度恒定，可自动化控制。

（4）操作简单方便，设备简单易购，安装简单。

2. 泵注肥法的缺点

（1）需要配备单独的加压泵。

（2）在频繁施肥的区域应选择耐腐蚀的化工泵来进行注肥。

（3）在没有自动控制的情况下，需要人工现场操作，以免过量施肥或者空抽。

（三）注肥泵注不进肥料的可能原因和对策

1. 注肥泵功率过小，压力小于管道的水压

由于灌溉系统本身就有压力，要把肥液注入灌溉系统就要求注肥泵的压力大于灌溉系统压力。一般要求大于系统 100 千帕。同时，注肥泵扬程不能太高，不能损坏管道，因此扬程应小于 60 米。

2. 进肥管或者注肥泵体内有空气

注肥泵未启动前未排出系统管道内和泵体内的空气，造成电机空转不抽肥。解决办法：泵进肥口灌水，同时拔掉连接在灌溉管道上的出肥管，待抽肥正常以后再把出肥管连接到灌溉管道上。

3. 肥水进出管道中阻力过大

如果进肥管道过长，弯道过多，肥液在管道中的阻力将会很大，一般每一 90°弯管扬程损失 0.5～1 米，每 20 米管道的阻力可使扬程损失约 1 米。解决办法：设计时尽量缩短肥料管（池）、注肥泵、灌溉管道的距离。

4. 注肥泵进出管管径不合适

为了不损失压力，出肥管的管径一般偏小于进肥管的管径。选择合适的进出肥管道的管径。

5. 进肥口的阀门未开

停泵后打开进肥口的阀门，重新开启注肥泵。

6. 停电及机械故障等

检查注肥泵的供电是否正常，注肥泵运转是否正常，有无异响。

（四）注意事项

1. 灌溉系统流量和注肥泵流量的关系

由于注肥泵本身扬程就大于灌溉水泵，当注肥泵流量大，就会对灌溉系统造成较大干扰。因此，注肥泵的流量应该要远小于系统流量，越小越好。

2. 水溶肥料容易锈蚀金属

如果使用铸铁泵施肥，则每次施肥完成后需再注入清水，冲洗水泵。如果条件允许，尽量选择化工泵。在选购注肥泵的时候应注意泵的扬程，注肥泵的扬程以大于灌溉系统扬程 10 米左右为宜。

3. 注意注肥速度不要过快

注肥速度过快会造成肥水浓度过高。可通过在进肥管道上安装阀门控制进肥量。

4. 注意肥液杂质

肥料溶解后注入管道系统时，也需要经过过滤器。

二、泵吸肥法

（一）泵吸肥法简介

泵吸肥法是目前应用广泛的一种施肥方式，主要用于地面有泵加压的灌溉系统。潜水泵也可以用于吸肥，但需要把吸肥管安装在潜水泵的吸水口。深井泵不宜用泵吸肥法。泵吸肥法的原理是利用水泵吸水管内形成的负压将肥料溶液吸入管网系统，通过管道输送到田间。为防止肥料溶液倒流入水源，一般在吸水管后面安装逆止阀。

泵吸肥法操作简单。首先将计算好的肥料倒入溶肥池中，然后启动水泵，放水溶解或稀释肥料。然后打开出肥开关，肥料溶液被吸入主管道。液体肥料直接吸肥即可，固体肥料为加速溶解，可以在施肥池中安装一个搅拌机，促进肥料的溶解。如果多个轮灌区需要连续施肥，可以在施肥池内壁上标记刻度，然后将所有肥料一次溶解，然后按刻度分配到各个轮灌区。或者在肥料管道上安装流量计，精准为每个轮灌区分配肥料（图4-2）。

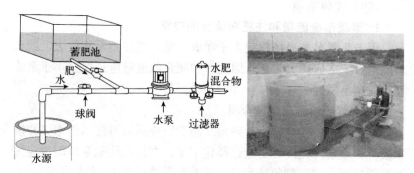

图4-2　泵吸肥法示意图及田间应用

（二）泵吸肥法优缺点

1. 泵吸肥法的优点

（1）无须外加动力，利用灌溉水泵即可完成施肥。

（2）结构简单，操作方便。

（3）通过调节肥液管上阀门，可以控制施肥速度，肥水在管网输送过程中自行均匀混合。

（4）当水压恒定时，可做到按比例施肥。

2. 泵吸肥法的缺点

（1）施肥时需要有人照看，当肥液快完时必须立即关闭吸肥管上的阀门，否则会吸入空气，影响泵的正常运行。

（2）应用普通离心泵时，要求水源水位不能低于泵入口10米，否则系统很难正常运行。

（三）泵吸肥法吸不进肥料的可能原因和对策

1. 吸肥管尾部未插入肥液液面下

在使用塑料软管作为进肥管经常会碰到这种情况。在打开进肥开关以后由于管道的吸力造成进肥管甩动，由于本身质量较轻容易漂浮到肥液的表面，造成吸入空气，吸不上肥的同时也会造成灌溉水泵吸入空气造成管道抖动异常。尽量选择可固定的 PVC 硬管作为吸肥管（为便于操作，PVC 管进肥底部需要安装底阀）。如果使用软管可在管尾绑上重物（如砖头、铁块等），使管尾沉入肥料桶（肥料池）底部。

2. 灌溉水进水管道或进肥道出现破损

如果灌溉水进水管或者进肥管出现破损，则会导致水泵工作出现异常，进而吸不上肥。检查进水和进肥管道是否出现破损，及时维修或更换。

3. 逆止阀破损漏气

灌溉水进水管上逆止阀出现破损或者漏气会严重影响系统的稳定。发现问题后及时更换逆止阀。

4. 施肥罐阀门未开启

发现问题后等管道水压稳定后开启施肥罐（施肥池）的阀门到合适的位置。

（四）注意事项

1. 施肥速度与施肥顺序

面积较大的轮灌区（如 20 亩以上）吸肥管用 50～75 毫米的PVC 管，方便调节施肥速度。一些农户出肥管管径太小（25 毫米或 32 毫米），当需要加速施肥时，由于管径太小无法实现。对较大面积的灌区（如 500 亩以上），可以在肥池或肥桶上画刻度。一次性将当次的肥料溶解好，然后通过刻度分配到每个轮灌区。假设一个轮灌区需要一个刻度单位的肥料，当肥料溶液到达一个刻度时，立即关闭施肥开关，继续灌溉冲洗管道。冲洗完后打开下一个轮灌区，打开施肥池开关，等到达第二个刻度单位时表示第二轮灌区施肥结束，依次进行操作。也可以先把全部轮灌区的肥料施完，再统一清水洗管道。采用这种办法对大型灌区的施肥可以提高工作效率，减轻劳动强度。

2. 灌溉与施肥

灌溉的水泵功率必须足够大，施肥的同时不能影响正常的灌溉。

3. 出肥管开关的闭合度

出肥管开关的闭合度对施肥的速度、施肥量影响较大。在根据施肥时间、施肥面积等因素确定好开关的闭合度以后，如果继续使用尽量不要调整开关的闭合度。

三、文丘里施肥

（一）文丘里施肥器简介

文丘里施肥器的工作原理是当水流经过一个由大变小然后又由小变大（文丘里管喉部）的管道时，水的流速会加大，压力会下降，这样就形成了一定的压力差。此时在文丘里管喉部一个更小的入口就会产生一定的负压，肥料容器里溶解的肥料就可以利用负压被吸入水管之中，然后被水流带到田间（图4-3）。文丘里施肥器一般采用抗腐蚀的材料制作，如铜、不锈钢、塑料等，现在大部分为塑料制造。文丘里施肥器的注入速度取决于产生负压的大小（即所损耗的压力）。损耗的压力受施肥器类型和操作条件的影响，损耗量为原始压力的$10\%\sim75\%$。在选购文丘里施肥器时要尽量选择压力损耗小的产品。由于制造工艺的差异，同样的产品不同厂家的压力损耗相差很大。鉴于文丘里施肥器压力损耗较大，通常为了使用稳定需要加装一个小型的增压泵。一般厂家会告知其产品的压力损耗值，设计时可根据相关参数决定是否增设增压泵。

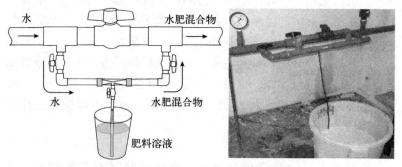

图4-3 文丘里施肥器原理图及田间应用

文丘里施肥器的吸肥量受入口压力、压力损耗和吸管的直径影响，使用中可以通过调节控制阀或调节器，调整到适合的吸肥量。文丘里施肥器可以串联安装到主管道上，也可以并联安装到旁通管件上。

（二）文丘里施肥器的优缺点

1. 文丘里施肥器的优点

（1）常规使用不需要外部能源。

（2）可吸取敞口容器里的肥料，花费少，吸肥量范围大。

（3）操作简单，磨损率低，安装简易，方便移动。

（4）养分浓度均匀且抗腐蚀性强。

2. 文丘里施肥器的缺点

（1）管路压力损失大，会导致灌溉不均匀。

（2）在供水管路压力波动较大时其吸肥的速率变化较大。

（三）文丘里施肥器不吸肥料的可能原因和对策

1. 水压不足

文丘里施肥器需要一定的压力才能开始工作。当压力不足时，即使通过压力调节阀也无法达到吸入肥料的效果。解决方法是调节阀门开度并增加泵压力。

2. 轮灌区较小

当轮灌区较小时且田间毛管出水量较小时，文丘里施肥器在刚开启时会正常吸肥。但随着毛管中的压力不断升高，最终使文丘里施肥器前后的压力差小于产生负压的压力，导致不能正常吸肥。解决办法是灌溉面积和水泵出水量要相一致，调整灌溉面积。

3. 文丘里喉管处堵塞

解决办法为清理异物。

（四）注意事项

1. 施肥浓度

文丘里施肥器可以按比例施肥，在整个施肥过程中能保持恒定的肥料浓度。施肥时先计算施肥数量。比如一个轮灌区需要多少肥料需要预先计算好。如果用固体肥料，需要先将肥料溶解配成母液，再加入储肥罐；如果使用液体肥料则只需将所需体积的液体肥料加入储肥罐即可。

2. 进出水压力差

文丘里施肥器需要满足一定的进出水的压力差。进水压力太小（如小于0.15兆帕），可能出现不吸肥甚至倒流现象。因此，在压力不满足的时候，增加增压泵是非常有必要的。

3. 肥液杂质与设备清洗

使用文丘里施肥器时，应在其前加装过滤装置，以免因肥料溶解度差造成文丘里施肥器的堵塞。施肥完毕后，应继续用清水冲洗管道，以免肥料在管道中形成沉积。

4. 适用范围

文丘里施肥器因为在使用时会产生部分水压损失，故一般不适用于大田灌溉施肥，常用于温室大棚。根据接口大小，常用的文丘里施肥器规格型号分为：Φ32、Φ40、Φ50、Φ63 等。

文丘里施肥器最大的缺点是施肥时导致灌溉系统压力降低。通常一个灌溉系统已经设计好系统工作压力。当压力降低后必定影响灌溉的均匀度。为了弥补压力，增加增压泵。增加增压泵就可以直接注肥了，无须用文丘里施肥器。建议淘汰这种施肥设备。采用方便灵活的泵注肥或者泵吸肥法。

四、施肥机施肥

施肥机按其功能分为多通道精确灌溉施肥机、单通道定量施肥机和移动式灌溉施肥机。

（一）多通道精确灌溉施肥机

一些施肥设备不但能按恒定浓度施肥，同时可自动吸取几种营养母液，按一定比例配成完全营养液。在施肥过程中，可以自动监测营养液的电导率和 pH，实现真正的精确施肥。由于该类施肥设备的复杂性和精确性，一般称之为多通道精准施肥机（图 4-4）。在对养分浓度有严格要求的花卉、优质蔬菜等的温室栽培中，应用施肥机能够将水与营养物质在混合器中充分混合而配制成作物生长

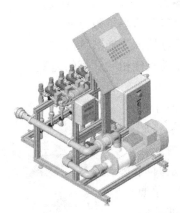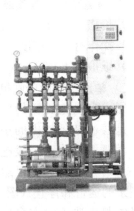

图 4-4　多通道施肥机

所需的营养液，然后根据用户设定的灌溉施肥程序通过灌溉系统适时适量地供给作物，保证作物生长的需要，做到精确施肥并实现施肥自动化。

1. 多通道精确灌溉施肥机的优点

（1）可实现手动、自动切换。

（2）采用大流量注肥器，可设置多路注肥器，注入量大，其中三路可同时实现氮、磷、钾肥的注入，其他路可实现通过注酸来调节肥液的 pH、注入其他中微量元素肥等功能。

（3）具有 pH 和电导率实时在线检测功能，自控系统通过对检测数据的分析，可自动完成肥液 pH 和电导率的调节，从而实现肥液的自动配比。

（4）自控系统内部自带多种施肥程序，可一键完成施肥任务，用户也可自行设定施肥程序。

（5）采用大屏幕液晶和触摸屏技术向用户提供操作接口，操作十分方便。

（6）扩展性能好，可扩展对施肥末端管道肥液的 pH 和电导率在线检测功能，可与其他作物生长环境信息传感器或采集器进行数据交换或有机集成。

2. 多通道精确灌溉施肥机的缺点

（1）价格极昂贵，一台施肥机目前市场价数万元。

（2）操作有一定难度，需要经过培训才能熟练操作。

（3）维护成本较高，相关元器件依赖相关厂家的适配。

（二）单通道定量施肥机

单通道定量施肥机的原理类似于注肥机，是通过施肥机内的小功率泵将肥液注入灌溉管道中，一般施肥机内还会安装一个时控装置，可以通过设定时间来控制泵的运行和停止（图4-5）。单通道定量施肥机造价没有多通道精准灌溉施肥机那么高，在大田作物上应用已经越来越普遍，尤其是用来施液体复混肥料或者混配好的固体水溶肥料。使用中一般在出肥口安装逆止阀，防止停机时灌溉水倒流入肥料罐中。

图4-5 单通道定量施肥机

1. 单通道定量施肥机的优点

（1）管道压力恒定的情况下施肥量均匀稳定。

（2）可以定时控制，适用于多个轮灌区的连续作业。

（3）价格适中，操作简单。

（4）可以搭配远程控制模块，实现远程施肥作业。

（5）适用范围广。既适用于大面积的大田施肥作业，又满足小面积的果园、温室等施肥作业。

2. 单通道定量施肥机的缺点

（1）对灌溉管道压力的恒定要求高，在管道压力出现变化的时候可能会导致出肥量的波动。

（2）重复开机时可能会出现肥料注入不了管道的情况。此时需要拔出连接在灌溉管道注肥口上的肥液管排出空气。

（3）更换机井施肥，需要重新测算每分钟的流量，以便确定正确的施肥时长。

（4）不能在施肥时实时调控肥料的配方及 pH 等，只能施用已经调配好的肥料溶液。

（三）移动式灌溉施肥机

移动式灌溉施肥机是针对小面积果园或菜地及没有电力供应的种植地块而研发的，主要由汽油泵、施肥罐、过滤器和手推车组成，可直接与田间的灌溉施肥管道联结使用，移动方便。当用户需要对田间进行灌溉施肥时，可以用机车将灌溉施肥机拉到田间，与田间的管道相连，轮流对不同的田块进行灌溉施肥。移动式灌溉施肥机可以代替泵房固定式首部系统，成本低廉，能够满足小面积田块灌溉施肥系统的要求。目前，移动式灌溉施肥机的主管道有口径 50 毫米和 90 毫米两种规格，每台移动式灌溉施肥机可负责 20～80 亩的面积（图 4-6）。

图 4-6　移动式灌溉施肥机在田间的应用

使用时先将计算好的肥料倒入肥料桶，加水搅拌溶解后方可打开施肥开关。施肥前，先打开要施肥区的开关，开始灌水。等到田间所有灌水器都在正常出水后，打开施肥开关开始施肥。施肥时间控制在 10～60 分钟为宜，越慢越好（具体情况可以根据田间的干湿状况调整）。施肥速度可以通过肥料池的开关控制。施完肥后，不能立即关闭灌溉系统，还要继续灌溉 10～30 分钟清水，将管道中的肥液完全排出。如果阴雨天气施肥后不便于灌溉清水来清洗管道中的肥液，可等待晴天时再进行清洗工作，但时间不可间隔太久，否则会在灌水器处长藻类、青苔、微生物等，造成滴头堵塞（这个措施非常重要，也是滴灌成功的关键）。

1. 移动式灌溉施肥机的优点

（1）施肥机动性强，可自由移动。

（2）施肥浓度均一。

（3）价格相对便宜，易推广。

（4）操作简单。

2. 移动式灌溉施肥机的缺点

（1）移动比较费力，尤其是在田间移动。

（2）需要有人值守，以防肥液抽完吸入空气。还要及时加燃油。

（3）只适用于小范围的施肥，无法进行大面积的施肥作业。

五、肥料的溶解设备设施

（一）肥料溶解设施的建设

肥料溶解池的大小取决于每个轮灌区施肥的面积。一般建议300 亩以下建设一个 4 米^3 的溶肥池即可满足使用。超过 300 亩时，可以根据种植面积建设多个溶肥池交替使用。实际应用中如果溶肥池体积过大，将很难选购到适配的搅拌器，也会增加建设难度，此时必须在同一池内安装多个搅拌器。为便于投肥料，溶肥池一般为地下式，池顶高出地面 0.2 米左右，防止搅拌时肥液溢出。溶肥池的底面坡度不小于 2%，池底应有直径不小于 100 毫米的排渣管。溶肥池一般采用钢筋混凝土池体（图 4-7），当施肥面积较小时可

图 4-7 溶肥池及搅拌器

采用塑料大桶代替。

(二) 搅拌机的选择

溶肥池一般配套有搅拌装置，目的是加速肥料的溶解速度及保持均匀的浓度。搅拌一般采用机械的方式，如电力搅拌机。常用的搅拌机材质有碳钢、304 不锈钢、316L 不锈钢、碳钢热喷塑、钛材质等。用来溶解肥料的搅拌机需要满足运行平稳、搅拌均匀、操作方便、不易黏料、耐腐蚀、不易生锈等特点。搅拌机的杆叶等部件因为是完全浸没在肥液中，因此在选购搅拌机的时候必须选择耐腐蚀且不易生锈的材质。目前，市面上常见搅拌机杆叶的材质以不锈钢和碳钢为主，建议购置不锈钢材质的搅拌机，碳钢材质的容易生锈。为了延长使用寿命，日常使用中也需要及时对设备进行保养维护。

第二节 浓度变化的施肥方法

一、旁通施肥罐

(一) 旁通施肥罐简介

旁通施肥罐目前在我国北方大田作物区域及大棚蔬菜种植中仍有较为普遍的应用。旁通施肥罐又称为压差式施肥罐，由两根细管与主管道相连，在主管道与两条细管之间设置一个节制阀（球阀或闸阀），通过调节阀门产生一定的压力差，促使一部分主管道中的水通过前端的细管进入施肥罐中溶解肥料，溶解后的肥料溶液通过后端的细管进入主管道中，被灌溉水带到目标施肥区域（图 4 - 8）。

一般而言，旁通施肥罐安装在灌溉系统的首部，过滤器和水泵之间。安装时，沿主管水流方向，连接两个异径三通，并在三通的小口径端装上球阀，将上水端与旁通施肥罐的一条细管相连（此管必须延伸至施肥罐底部，便于溶解和稀释肥料），主管下水口端与旁通施肥罐的另一细管相连。运行时先根据各轮灌区具体面积或作物株数（如果树）计算好当次施肥的数量。称量好每个轮灌区的肥料后直接倒入施肥罐，扣紧罐盖。调节主管道阀门在压差（10～30

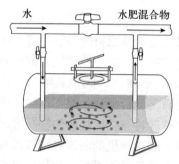

图 4-8　旁通施肥罐工作示意图及田间应用

千帕）达到要求后即可开始施肥。

（二）旁通施肥罐施肥优缺点

1. 旁通施肥罐施肥优点

（1）设备的成本较低，操作简单，维护方便。

（2）施肥时不需要添加额外的动力。

（3）设备占地较小、转移方便。

2. 旁通施肥罐施肥缺点

（1）施肥时浓度无法把控，往往进入田间的肥液浓度相差较大。表现为开始大，后面小。

（2）受水压的影响较大。施肥时也会使系统压力有一定下降。

（3）碳钢材质的施肥罐腐蚀严重，不耐用。

（4）施肥罐的倒肥口一般偏小，操作非常不便，尤其是在轮灌区面积较大时，需要不断往施肥罐里倒肥，劳动强度大，工作效率低。

（5）施肥看不见，何时施完无法判定。特别是溶解度小的肥料，更无法施用。农户经常为把肥料施完而延长灌溉时间，导致肥料淋洗。

（6）无法自动化施肥。

（三）旁通施肥罐不吸肥料的可能原因和对策

1. 压差没有达到要求

解决办法：调节入水口和出水口间的节制阀，以使压差达到

10～30 千帕。

2. 出肥口堵塞

解决办法：及时清理罐体内的杂物、铁锈等，安装简易过滤装置。

3. 罐体出现破损或者盖子密封胶条损坏

解决办法：检查罐体，更换密封胶条后再使用。

（四）注意事项

旁通施肥罐由于施肥浓度不均匀，劳动强度大，已经呈现逐渐淘汰的趋势，目前只有在我国北方一些大田作物区还有一定规模的分布。使用时需要注意以下几点：

第一，当罐体较小时（小于 100 升），固体肥料最好溶解后倒入肥料罐，否则可能会堵塞罐体。特别在压力较低时可能会出现这种情况。

第二，有些肥料可能含有一些杂质，倒入施肥罐前先溶解过滤，滤网 100～120 目。如直接加入固体肥料，必须在肥料罐出口处安装一个 1/2" 的筛网式过滤器。或者将肥料罐安装在主管道的过滤器之前。

第三，每次施完肥后，应对管道用灌溉水冲洗，将残留在管道中的肥液排出。一般滴灌系统 20～30 分钟，微喷灌 5～10 分钟。对喷灌系统无要求。如有些滴灌系统轮灌区较多，而施肥要求尽量短时间完成，可考虑测定滴头处电导率的变化来判断清洗的时间。一般情况是一个首部的灌溉面积越大，输水管道越长，冲洗的时间也越长。冲洗是个必须过程。因为残留的肥液存留在管道和滴头处，极易滋生藻类、青苔等低等植物，堵塞滴头；在灌溉水硬度较大时，残存肥液在滴头处形成沉淀，造成堵塞。据编者调查，大部分灌溉施肥后滴头堵塞都与施肥后没有及时冲洗有关。及时的冲洗基本可以防止此类问题发生。但在雨季施肥时，可暂时不洗管，等天气晴朗时补洗，否则会造成过量灌溉淋洗肥料。

第四，肥料罐需要的压差由入水口和出水口间的节制阀获得。因为灌溉时间通常多于施肥时间，不施肥时节制阀要全开。经常性地调节阀门可能会导致每次施肥的压力差不一致（特别当压力表量程太大时，判断不准），从而使施肥时间把握不准确。为了获得一个恒定的压力差，可以不用节制阀门，代之以流量表（水表）。水流流经水表时会造成一个微小压差，这个压差可供施肥罐用。当不施肥时，关闭施肥罐两端的细管，主管上的压差仍然存在。在这种情况下，不管施肥与否，主管上的压力都是均衡的。因这个由水表产生的压差是均衡的，无法调控施肥速度，所以只适合深根的作物。对浅根系作物在雨季要加快施肥，这种方法不适用。

二、沟灌

（一）沟灌简介

沟灌是指在作物行间开沟灌水，灌溉水由输入沟或毛渠进入灌水沟，水在流动的过程中，主要借助土壤毛细管作用从沟底和沟壁向周围渗透而湿润土壤的地面灌水方法，是我国地面灌溉中普遍应用于中耕作物的一种灌水方法（图4-9）。沟灌在蔬菜上适用范围很广，茄果类、豆类及瓜果类中的多数蔬菜种类都适合，尤其辣椒、黄瓜等产量高、需肥量大、根系又不是非常发达的蔬菜。

图4-9　沟灌在田间的应用

沟灌施肥是目前应用较多的灌溉施肥方法，与沟灌结合的灌溉施肥方式一般是在田块首端设立各种施肥设施，如施肥池、施肥罐等，也可在田间挖一小坑，铺上塑膜代替，将所需水溶性复混肥料放入水池中，使其溶解后，随水流入田间，进入作物根系层。

（二）沟灌的优缺点

1. 沟灌的优点

（1）不会破坏作物根部附近的土壤结构，不导致田面板结，能减少土壤蒸发损失，适用于宽行距的中耕作物。

（2）不会形成严重的土壤表面板结，能减少深层渗透，防止地下水位升高和土壤养分流失。

（3）在多雨季节，还可以利用灌水沟渠汇集地面径流，并及时进行排水，起排水沟的作用。

（4）沟灌能减少植株间的土壤蒸发损失，有利于土壤保墒。

（5）开灌水沟时还可以对作物起到培土作用，可有效地防止作物的倒伏。但开沟劳动强度增大。最好采用机械开沟，提高开沟速度和质量，降低劳动强度。

2. 沟灌的缺点

（1）肥液的下渗主要发生在比灌溉沟低的地方，容易造成盐害。

（2）光照面积大、地温升高快、变化也快，在温度较高的夏季不利于根系生长。

（3）大棚应用沟灌会加大棚内的湿度，容易导致作物病虫害的发生。

（4）施肥完全依靠人工，劳动强度大。

（5）施肥不均匀。在沟中无根系生长，浪费肥料。

三、随水冲施

（一）随水冲施简介

随水冲施是在灌溉的过程中，将溶解或稀释好的水溶肥料溶液置于入水口，缓慢释放，借助灌溉水的动力将肥料带入田间的过程。

施肥时首先根据作物需肥情况及田块面积，确定施肥量，并将水溶肥料溶解于施肥桶中；然后打开阀门，控制施肥时间与灌溉时间一致。在有水流落差的入水口，可固定一个扇叶，随着水的流动，带动扇叶转动，从而将水肥充分混合（图4-10）。

图 4 - 10　通过扇叶转动使水肥充分混匀（左）与通过石块分散肥液（右）

　　水溶肥料的冲施不仅可用于旱地当中，同时也可以用于水田（如水稻）。水田作物的生长需要长期维持一个较适宜的田间水量，灌溉较频繁，可在灌溉的时候直接将水溶肥料施入田间。

　　（二）随水冲施的优缺点

　　1. 随水冲施的优点

　　（1）可避免开沟或挖穴等追肥方式伤害根系，也避免局部集中施肥引起烧根现象。

　　（2）能解决很多栽培模式追肥困难的问题，如小拱棚、畦栽密度较大的蔬菜等。

　　（3）对起垄栽培的作物而言，施肥集中，隔行追肥，对根系伤害小。施肥后肥料能随水到达根附近，让根系快速吸收。

　　（4）省工、省时、省力、方便、安全。

　　2. 随水冲施的缺点

　　（1）地势不平容易造成高处漏施、低处多施的现象。

　　（2）肥水直接浸泡植株根系，若地势较低的植株根系附近肥水浓度过高，会引起局部盐害。

　　（3）一些水田的灌溉渠道同时也是排水渠道，渠道过深。随水施肥时，施肥结束后还剩半沟肥液无法流入农田。这是限制稻田随水施肥的主要问题。

（三）注意事项

第一，需要保证灌溉与施肥的同步性，即灌溉时间和施肥时间需要保持一致，这样施肥的均匀性才能够得到保证。

第二，灌溉施肥时，田间水位尽量处于较低状态，以免田间水位较高出现淹苗的现象，影响幼苗的生长。

第三，尽量保证入水口处水肥充分混合均匀，在混合不均匀的情况下，肥液漂浮于水面，易出现肥水不同步流动现象。肥液受田间作物阻碍影响较大，易造成水田施肥量不均匀。

第四，需要注意灌溉施肥时间。随着田块面积的增加，灌溉施肥的时间需要酌情延长，通常面积在 2 亩以下的田块，灌溉施肥时间维持在 30 分钟以内即可，灌水量每亩 20～30 米^3。

四、浇施和淋施

广义讲，浇施和淋施等都属于水肥一体化技术的简单形式。这种水溶肥料施用方式在南方有一定规模的应用，这里只做简要介绍。

（一）加压拖管淋灌施肥法

我国南方地区多为丘陵山地，田块面积小，安装灌溉设施成本高。在没有灌溉设施的地方，农户主要用淋施、浇施和冲施的办法来施用水溶肥料。在一些城市郊区的菜地，淋施肥料是主要的追肥形式。通常是挑水淋施，每次灌溉每亩要挑 50～60 担水（4～5 米^3 水），这是非常辛苦的体力活。针对这种小面积的菜地或果园，可以采用拖管淋施水溶肥料（或液体肥）的方式施肥（图 4-11）。

其施肥原理是以 220 伏交流电或 24 伏直流蓄电池（电瓶车蓄电池也可以作为电源）为电源，利用微型潜水泵（功率 60～370 瓦，流量 1.0～6.0 米^3/时，扬程 4～8 米）将肥料桶中的肥液吸出，到达软管（外径 16～25 毫米，PE 或 PVC 管材），拖管逐行淋施水肥，实现灌溉与施肥同步进行（图 4-12、图 4-13）。为实现施肥的均匀性，施肥桶上宜标注刻度。

图 4 - 11　广东冬种马铃薯地区拖管淋水肥的场景

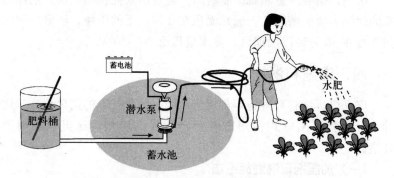

图 4 - 12　加压拖管淋水肥示意图

图 4 - 13　蓄电池驱动潜水泵加压

（二）背负式加压浇施法

在我国华东华南地区露地栽培中，很多地区在整地时都会起垄沟用于储水和排水。将背负式喷雾器的喷头拧开，套上一段 32 毫米的 PVC 管，管末端套上一个 1 升左右的水勺。背桶内装液体肥料或溶解后的肥料。施用时压一下手柄，压出几毫升肥料溶液，然后从沟中舀一瓢水，浇施在作物行间（图 4 - 14）。这种施肥方法施肥均匀安全，效果好。虽然仍然需要劳力，但比撒施颗粒肥可以提高 3 倍以上工效。

图 4 - 14　背负式加压浇施设备（左）和田间应用（右）

（三）液体肥施肥枪

对木本果树来讲，要把肥料施入根系所在位置是不容易做到的。在没有滴灌的地方，可以考虑用注射施肥法。这种施肥装置主要由柴油机泵或汽油机泵、高压喷枪、施肥桶或施肥罐组成（图 4 - 15）。以柴油机或汽油机为动力，将肥料从施肥桶或施肥罐中吸出，送达喷枪。喷枪头一般做成尖头，可以用脚踩入土中一定深度，然后松开开关，肥液喷出。施肥时，因肥液浓度较高，且直接作用于根部，需要注意安全浓度。根据果树的大小，一般在树冠下多点施肥。

（四）船式喷灌机施肥装置

船式喷灌机是垄沟内有水源时广泛应用的喷灌设备。利用泵吸肥法原理，在船式喷灌机上安装施肥桶就可以同时喷水和施肥了

图 4-15　液体肥料施肥枪

（图4-16）。南方水量充沛地区，菜地垄沟间长期存水，通常施肥时先撒施后用瓢浇灌，费时费力。而船式施肥装置则能够实现水肥一体化，大量节省人工。使用时将溶好的肥料或液体肥料倒入肥料罐中，开启发动机，然后再打开肥料罐阀门，水（来自沟垄中）和肥共同注入软管中，一边拖行，一边喷洒（图4-16）。

图 4-16　船式喷灌施肥机及其田间应用

（五）挑担淋灌

这是最为传统的水肥一体化技术应用形式，即农户在挑担淋水的同时，将肥料按一定用量溶解到灌溉水里，实现水肥同步供应，劳动强度大（图4-17）。

图4-17 菜农挑担淋水肥的场景

第三节 注意事项

一、各种施肥方式和灌溉方式的匹配

由于地形、作物、投入、肥料等因素的影响，要采用不同的灌溉方式。不同的灌溉方式决定了选择不同的施肥方式。灌溉方式与施肥方法的匹配才能最大限度发挥水肥的相互作用。

（一）灌溉方式的选择

起垄种植的作物都可以用滴灌，山地的果树、茶树、经济林可以选用压力补偿的滴灌。叶菜类蔬菜、牧草、小麦等可以用喷灌，果树、大棚蔬菜等可以用微喷灌。通常喷灌和微喷灌不宜在地势不平的地块应用，会造成地面径流。另外，土壤质地、取水的便捷性及水源的多少等因素都应作为选取最优灌溉方式的重要参数。如黏壤土不适宜大流量的喷灌，极易造成地表径流。

（二）施肥的时间与均匀性

像旁通施肥罐这种浓度变化的施肥方法本质上是属于定量化施肥方式，即只管当次的施肥总量，不关心施肥过程中浓度的变化。

实际上旁通罐施肥过程中浓度是先高后低，浓度在施肥过程中是变化的。一次施肥过程需要 1～3 小时完成。这种情况只适合滴灌应用。像各种喷灌、微喷灌、淋灌要求浓度恒定，不能选用施肥罐。即使在滴灌条件下，在雨季土壤湿润无须灌溉，但要通过滴灌系统施肥，要求在满足均匀度的情况下施肥速度要快，这时施肥罐也满足不了要求。对于浅根系作物，雨季滴灌系统用施肥罐也是不适宜的。

像喷灌施肥这种短时间施肥的方式，首先要考虑的就是进入管道的肥液浓度恒定问题。应选用泵注肥法、泵吸肥法和施肥机施肥等方式。

（三）施肥设备的成本

由于不同的作物经济价值不同，种植者投入的成本也存在较大的差异。因此，选取合适的施肥方式还要根据种植成本的投入额来决定。例如，所有施肥方式中无疑利用施肥机来进行施肥是最精准和便捷的，但是这需要大幅度增加成本。施肥机的施肥原理还是属于泵注肥法原理，在成本受限的情况下，可以利用泵注肥法、泵吸肥法替代。

二、可能出现的问题

（一）安全浓度

肥料是盐类物质，在水中形成各种盐基离子。土壤中的肥料浓度过高就会对作物生长产生盐害。通常使用电导率表示土壤的盐分（也可表示肥力值）。由表 4-1 可见，肥料在不同稀释倍数下电导率的差异。电导率法具有简便、快速、工作量小等优点，被广泛用于表征盐度或土壤肥力的高低。电导率反映的是溶液的导电特性，电导率与溶液中溶解的盐分含量呈正相关关系。电导率需要使用电导率仪来测定，常用单位为毫西/厘米和微西/厘米。不同的作物对盐的忍耐能力不同（也称为抗盐性），所以肥料在相同的稀释倍数下，有些作物能够生长，有些作物生长受抑制（图 4-18）。

表 4-1　某种水溶性复混肥料不同稀释倍数下的电导率

稀释倍数	N（毫克/千克）	P_2O_5（毫克/千克）	K_2O（毫克/千克）	肥料（克/米³）	pH	电导率（毫西/厘米）
500	400	400	400	2 000	5.11	1.72
600	333	333	333	1 667	5.12	1.40
700	286	286	286	1 429	5.14	1.27
800	250	250	250	1 250	5.14	1.07
1 000	200	200	200	1 000	5.15	0.90
1 200	167	167	167	833	5.23	0.71
1 500	133	133	133	667	5.25	0.52
2 000	100	100	100	500	5.28	0.41
2 500	80	80	80	400	5.37	0.35

注：以 pH 为 7 的纯净水为溶剂进行配制。

图 4-18　肥料浓度对小芥菜生长的影响（从左到右稀释倍数
为 100 倍、50 倍和 25 倍）

　　植物根系对土壤溶液中养分的吸收速率及吸收量受浓度的影响
显著。土壤溶液中的养分浓度必须维持在一个合适的范围，浓度过高或过低都不利于作物根系的吸收。土壤溶液中的养分浓度或灌溉施肥时的水肥溶液浓度可以用电导率的高低来反映。当浓度过低时，根系吸收困难，同时消耗大量能量，如对 K^+ 的吸收，主要是以主动吸收的方式进行的；当浓度超过根系的耐受范围时，不但根系无法吸收，还可能产生盐害，引起根系细胞质壁分离，致使根系细胞失水出现萎蔫甚至死亡。

因此，在田间管理中，除了要关注土壤溶液的浓度外，还要关注灌溉水的盐分含量、施肥时的肥料溶液浓度及不同作物的耐受范围（图 4 - 19、图 4 - 20）。因为土壤和灌溉水的盐分含量对作物生长的影响关系密切。对棉花而言，当土壤饱和溶液的电导率低于7.7毫西/厘米或灌溉水（或施肥时的水肥溶液）的电导率低于5.1毫西/厘米时对棉花的生长无影响；当土壤饱和溶液的电导率高于27.0毫西/厘米或灌溉水（或施肥时的水肥溶液）的电导率高于18.0毫西/厘米时则达到临界值，棉花植株死亡。对草莓而言，当土壤饱和溶液的电导率低于1.0毫西/厘米或灌溉水（或施肥时的水肥溶液）的电导率低于0.7毫西/厘米时对草莓的生长无影响；

图 4 - 19　过量施肥对作物生长的盐害影响

图 4-20 灌溉水的盐分较高（电导率为 3.92 毫西/厘米）

当土壤饱和溶液的电导率高于 4.0 毫西/厘米或灌溉水（或施肥时的水肥溶液）的电导率高于 2.7 毫西/厘米时则达到草莓死亡临界浓度。棉花与草莓的耐盐能力存在巨大差异。棉花正常生长的盐分浓度（或者水肥溶液浓度）远高于草莓的死亡浓度，表明草莓极不耐盐，施肥时要特别注意用量和浓度。另外，当灌溉水盐分含量较高时，如果肥料浓度过大则很容易造成盐害，此时灌溉水的盐分与肥料带来的盐分是叠加效应，更容易带来盐害。

在施用水溶肥料时，必须严格把握施肥的安全浓度，人为监控养分浓度，保证肥料不烧根、不烧苗、不烧叶。建议冲施稀释 300～500 倍，滴灌施肥稀释 500～800 倍，叶面喷施稀释 800～1 000 倍，具体稀释倍数根据不同肥料产品、不同作物及土壤与灌溉水的盐分含量等参数做相应调整。在浓度把握不准的情况下，建议做小试验。在滴灌施肥情况下，施肥一般是安全的。例如，每亩每次灌溉 10 米³ 水，每亩每次施 5 千克水溶肥料，稀释倍数为 2 000 倍。在这种浓度下，不可能存在烧根、烧苗的现象。

（二）肥料的选择

在田间发现有种植户将常规的颗粒复合肥泡水用在灌溉系统。因颗粒肥的溶解速度问题，溶肥的过程是一个漫长而又费力的事情，特别是对于大型农场，单次施肥可能需要耗费数天时间（图 4-21）。

目前，水溶性复混肥料（含液体复混肥料）发展迅速，由于劳力原因自动化施肥也越来越普及。液体复混肥料是自动化施肥的首选肥料。液体肥料没有溶解过程，厂家以吨桶包装直供农场，农场在施肥时直接从吨桶中将肥料吸出。相比颗粒肥料，液体肥料施用方便快捷，节工省时。由于施肥时间短，作物长势更均匀。

图 4-21　颗粒肥的溶肥过程费时费力

以色列 90% 以上的农场使用了液体复混肥料，施肥过程自动化控制。其做法是根据土壤分析数据和作物营养需求，设计液体复混肥料配方，在液体配肥站现场配肥，然后由槽罐车拉到田间，将肥料加入田间地头的储肥罐中（图 4-22）。通常有多个储肥罐，每个储肥罐储存一种液体复混肥料配方，满足不同时期的需要。也可以选择其中一种或多种液体复混肥料搭配施用。事先根据种植面积和作物需肥量计算施肥总量，然后通过储肥罐中的计量器控制。整个施肥控制系统可以人工控制，也可以借助全自动感应系统控制，实现远程遥控施肥和灌溉。

图 4-22　工厂生产配送（左）与不同配方液体肥料田间储罐（右）

目前，国内最常用的全自动控制系统主要由田间的电磁阀、传感器、首部的灌溉控制器、监控摄像头及控制服务软件五部分组成，通过这一套系统即可实现液体复混肥料的施肥自动化。控制服务软件可以安装在手机上，也可安装在电脑中。施肥时，通过手机或电脑向控制器发送指令，控制田间电磁阀开闭，进行灌溉和施肥，监控摄像头可以实时传送施肥和灌溉的整个过程，让种植户足不出户即可完成田间的灌溉与施肥工作。当然，全自动化系统也会由于设备的原因而存在一定误差。在使用过程中，也需要不定期实地监测并校准。

第五章 水溶性复混肥料应用案例

第一节 作物施肥的基本原理

一、植物生长的必需营养元素

植物的生长过程是植物从环境中吸收营养物质和能量，完成自身生长、发育、繁殖的生命过程，是一个非常复杂的生理过程，这一过程伴随着一系列的生理生化反应。其中，最基本、最重要的是光合作用。通过光合作用，植物将光能转化为化学能，将水和二氧化碳转化为单糖和多糖。通过其他复杂的生理反应，利用光合作用的产物作为原料，进一步合成脂肪、蛋白质、核酸等。植物的"长大"正是以这些物质的积累为基础。虽然植物体内有机物的种类多种多样，生理生化反应复杂多变，就像所有物质一样，植物的基本构成也是各种化学元素。如图 5-1 所示，目前已经确认的植物必需营养元素有 17 种，它们是碳、氢、氧、氮、硫、磷、钾、钙、镁、铁、锰、锌、硼、铜、钼、氯和镍。

必需元素有三个基本要求，一是要参加植物的代谢过程；二是植物生命周期中不可缺少的元素；三是缺乏会表现出外部症状来，只有补充这种元素，症状才会消失。在这 17 种养分中，碳、氢和氧主要来自空气和水，其余来自土壤或肥料。在这 14 种元素中，植物对氮、磷、钾的需求较多，故称为大量元素；钙、镁、硫的需求量中等，故称为中量元素；铁、锰、锌、硼、铜、钼、氯和镍的需求量更少，故称为微量元素。有些元素不是为所有植物必需，但只为部分植物必需，如钠、钴、钒和硅，故称为有益元素。植物在吸收必需元素的同时，也吸收一些并不必需的元素，如在植物组织

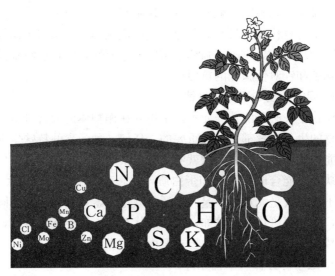

图5-1 植物必需的营养元素

中曾分析到 60 种元素的存在。

　　植物体内必需营养元素出现缺乏，会出现一系列外在的缺素症状。具体到某种作物的缺素症状，请参见《植物营养失调症彩色图谱》（陆景陵、陈伦寿编著，中国林业出版社）。

　　一次次的作物种植与收获，必然要从土壤中带走大量养分，使土壤养分逐渐减少，连续种植则会使土壤变得越来越贫瘠。为了保持土壤地力，就必须将植物所带走的养分以施肥的方式归还土壤，这就是养分归还学说，是施肥和肥料产业发展的基础。

二、合理施肥的基本理论

　　施肥是保障高产稳产的最重要措施之一，不仅直接关乎作物生长、产量和品质的提升，也关乎对土壤、环境和水体等的影响。目前面临的一个普遍问题是肥料的利用率低。因此，如何做到合理施肥、提高肥料利用效率、保护生态环境、实现农业生产的可持续发展，是必须重视的问题。

要做到合理施肥，就要了解合理施肥的理论依据是什么。同等重要和不可替代律、最小养分律、报酬递减律、限制因子律等是科学施肥的理论指导，不仅强调了施肥的重要性，而且还特别强调了平衡施肥和针对性施肥的重要性。

1. 同等重要和不可替代律

作物生长必需的营养元素，不论其在作物体内的含量多少，对于作物的生长发育都是同等重要的，任何一种元素的特殊生理功能都不能被其他元素代替，这就叫营养元素同等重要和不可替代。例如，缺氮不能合成氨基酸和蛋白质，缺硼表现出"花而不实"等。所以不管是大量元素、中量元素还是微量元素，其作用都是同等重要的，相互不可代替。例如，氮不能代替磷，钾不能代替钙，镁不能代替铁等。因此，生产上要求全面平衡供给养分。

2. 最小养分律（木桶原理）

植物生长发育过程中需要吸收各种养分，不同养分发挥着各自的作用。然而决定作物生长和产量高低的是土壤中有效含量相对最低的养分。在一定范围内，作物产量会随着这种养分的增加而增加，如果增施的不是这种养分，则不但不增产，还有可能会降低施肥的效益。最小养分律强调的是在作物生长过程中施肥的针对性。这里要特别强调三点：一是相对含量最少，是相对于决定作物产量的所有有效养分中含量相对量最少的一种，并不是绝对量最少。二是最小养分不是固定的，会随着条件的变化而变化。当土壤中有效含量相对最低的养分因施肥等得到补充时，它就可能不再是最低养分，而其他养分有可能因为作物需求的增加而成为最低养分。三是最小养分是作物产量增加的最显著限制因子，必须进行补充，否则作物产量将无法增加。相反，如果不补充最低养分而一味增加其他养分的施用，将不但不会增加作物的产量，反而会造成肥料的浪费，降低肥料的利用率和施肥的经济效益。例如，在缺磷的土壤，磷是最主要的限制因子，如果不及时补充磷而一味施用其他肥料，则其他肥料的效果也发挥不了。

对最小养分律的理解也可以用木桶原理来解释。一个木桶的最大装水量是由最短的那块木板决定的。木桶的每一块木板相当于一个营养元素，木板的高度即为植物对该元素的相对需求量。当该元素的供给满足了作物的需求时，即相对需求量为100％。所有木板都是100％时，意味着所有营养元素都能满足作物生长的需求，这时木桶里装的水是最满的，也就是作物的生长状态最好，产量最高。一旦某一块或某几块木板低于其他木板时，最低的那块将是影响木桶装满水的最主要限制因子，必须及时把最低的木板补齐，才能使木桶装的水增加，直至所有木板平齐时木桶的盛水量达到最大（图5-2）。

图5-2　最小养分律示意图

3. 报酬递减律

报酬递减律是在其他经济技术条件相对稳定的情况下，随着某项投资的增加，单位投资所获得的报酬是递减的。如图5-3所示，报酬递减律揭示了作物产量与施肥量之间的一般规律，即随着施肥

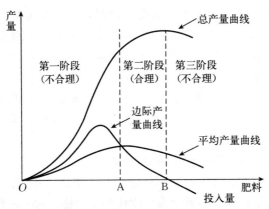

图5-3　肥料报酬变化曲线

量的增加，作物的总产量是增加的，但单位施肥量的增产量却是依次递减的；作物产量随施肥量的增加而增加是有限度的，当施肥量增加到一定程度时，继续增加肥料的施用量，可能会产生肥害或导致徒长，这时不但作物产量不会继续增加，还可能会出现减产直至颗粒无收。因此，施肥过程中还要特别注意施肥量的问题，不能因为施肥可以增加作物产量就一味地增加肥料用量，超过合理施肥量上限就变成盲目施肥，是不可取的。

4. 限制因子律

限制因子律是把对作物生长、产量和品质影响的因子扩展到养分以外的生态因子，如光照、水分、温度、土壤、空气、病虫害、栽培技术等可能限制作物生长的因素。限制因子律指的是当作物生长主要受到某个因子影响时，增加该因子的供给保障，可以促进作物生长。当另一个生长因子受限时，即使继续增加前一个因子的供给，也不能使作物增产，直到缺少的因子得到补足，植物的生长才能继续。限制因子律强调的是给作物施肥时，不仅要考虑各种养分的状况，还要考虑与作物生长相关的生态因子。限制因子律是对前面最小养分律的延伸，这里所说的限制因子已经不局限于养分本身，而是包括养分因子在内的一切限制作物生长的因素。例如，对于热带亚热带作物来说，温度可能是一个重要的限制因子，当温度低于某一阈值时，生长会受到抑制，出现冷害甚至是冻害情况，在这个时候施肥和灌溉等将不再是主要工作。对于地下块茎类的作物而言，土壤质地可能是一个主要的限制因子。如果选择的是质地黏重的黏土，在很大程度上会影响块茎的膨大。对于干旱地区而言，水分可能是限制作物正常生长的主要因子，只有首先解决水的问题，其他的耕作、栽培、施肥等农事操作才会更有意义。

5. 作物生长规律和养分需求规律

作物从播种、种子萌发到最后收获，要经历不同的生育时期。不同作物的生长规律和养分需求规律都不一样，每一种作物甚至在不同生长阶段都有其特有的生长及养分需求规律（图 5 - 4）。

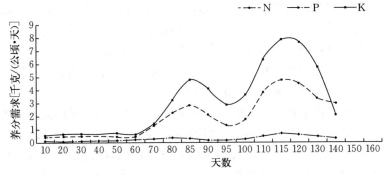

图 5-4　大田番茄养分需求规律

6. 作物营养临界期和作物营养最大效率期

作物生长过程中有两个很重要的时期，即作物营养临界期和作物营养最大效率期。营养临界期是指某种养分缺乏、过多或比例不当对作物生长影响最大的时期。在这个时期作物对某些养分的需求可能不是最多的，却发挥着很重要的作用，若这种或这些元素缺乏、过多或比例不当，所受到的损失在后续的生长过程中是很难弥补的。各种作物的营养临界期不尽相同，但通常出现在作物生长的前期或幼苗期。例如，多数作物的磷营养临界期一般在幼苗期，或种子营养向土壤营养的转折期；作物氮素营养临界期也在生育前期。作物营养最大效率期是某种养分能发挥最大增产效能的时期。在这个时期，作物对某种养分的需求量和吸收量都是最大的，这一时期也是作物生长最旺盛的时期，吸收养分的能力最强。如果能及时满足作物的养分需求，则作物的增产效果将会非常显著。

三、肥料与施肥技术

合理的施肥技术通常包括施肥量的确定、适宜的施肥时期和科学的施肥方法几方面的内容。

（一）适宜的施肥时期

不同的作物在不同的生长发育阶段对养分的需求量和需求比例不同。要做到合理施肥，首先得先了解作物的营养需求，既要满足作物阶段性和营养临界期、营养最大效率期等关键时期的养分需求，又要满足作物对养分需求的连续性特征，只有这样才能最大限度地提高肥料的增产效应。因此，有针对性地选择施肥时期是非常重要的。对于多数作物而言，一般包括种肥、基肥、追肥三个施肥时期，通常种肥、基肥、追肥相互结合。

种肥是指播种或定植时施在种子附近，或者与种子同播，或者用来对种子进行处理（包衣、浸种等）。种肥的选择应尽可能不对种子或根系产生伤害。可选择的种肥有腐熟的有机肥、速效化肥、微生物制剂等，而浓度过高、过酸、过碱、吸湿性强、溶解时产生高温的肥料则不宜做种肥。通常用作基肥的是腐熟的有机肥料及配施部分化学肥料，如缓释肥料、缓效或难溶性肥料等。追肥以施用速效化肥为主。

（二）科学的施肥方法

生产中施肥的方式方法有很多，如土壤施肥、根外追肥、水肥一体化灌溉施肥等。

水肥一体化灌溉施肥具有显著的节水、节肥、节工、节药、高产、优质、高效、环保等特点和优点，已经被越来越多的用户接受和应用。对于水肥一体化技术，通常有两层含义的理解：一是把肥料溶解在灌溉水中，通过灌溉系统由灌水器输送到田间每一株作物，以满足作物生长发育的水肥需求，如通过喷灌及滴灌施肥；二是广泛意义的水肥一体化，把肥料溶解在灌溉水中，通过设施灌溉、人工浇灌等多种形式在给作物灌水的同时供应养分。有关水肥一体化技术条件下采用的喷施、滴施、冲施等详细内容，请参看本书的第二章、第三章、第四章的相关内容。

（三）平衡施肥的理论与实践

合理施肥要做到"四个正确"，即选择正确的肥料，确定正确的用量，在正确的时间，施到正确的位置。在合理施肥过程中需要重点关注的是平衡施肥的问题。平衡施肥是提高作物产量和养分利用效率的关键内容，包括土壤养分平衡（先测土后配方施肥）、肥料养分平衡（施用配方肥）、肥料中不同形态养分的平衡、植株养分平衡（进行植株养分监测）。

1. 土壤养分平衡

土壤是植物生长的基础，为植物生长提供了所需的水分、养分和适宜根系生长的环境，同时还提供机械支持作用。土壤提供作物生长所需的矿质营养元素和某些有益元素，这些营养元素以不同形态存在于土壤中。土壤中的养分处于动态变化中，一方面是作物将养分从土壤中带走；另一方面，生产中又通过施肥、灌溉等为土壤提供养分，同时还有土壤中缓效养分的释放等。因此，保持土壤养分的动态平衡至关重要。在不施肥的情况下，土壤养分一般很难满足作物的养分需求。结合土壤肥力状况，通过调整养分比例和养分形态可以让土壤在一定时间内保持养分平衡。现在实施的测土配方施肥技术，就是以土壤测试和肥料田间试验结果为前提，根据作物的需肥规律、土壤供肥性能和肥料效应，在合理施用有机肥的基础上，提出氮、磷、钾及中微量元素肥料的施用量、施用时期和施用方法的一套施肥技术体系。土壤数据的获取有多种，可以将采集的土壤样品带回实验室进行准确测定，也可以采用速测的方法在田间现场快速测定。但不管采用哪一种方法，很重要的一点就是所采集的土壤样点必须是有代表性的。在施肥之前，应该以土壤数据为基础，以肥料养分比例和养分形态的相对平衡为理论指导，生产出配方肥。配方肥不是固定的养分比例，在作物不同阶段配方不同，从而满足作物的阶段营养需求。

2. 肥料养分平衡

不同种类的作物或同一种作物在不同生育阶段对养分的吸收存在量的巨大差别。这种量的比例关系对特定作物而言是相对固定的，这种相对固定的养分比例也称为养分平衡比例，或简称为养分平衡。当施肥时，在充分考虑养分用量、肥料利用率的同时，肥料的养分配比必须符合作物在某一阶段的养分吸收比例。从平衡的角度讲，需要注意作物所需的氮、磷、钾大量元素之间的平衡及大量元素与中微量元素之间的平衡等。

不同作物在不同生育期对氮、磷、钾等养分的需求是不一样的，所以不是等养分比例的肥料（如 15 - 15 - 15）就是养分平衡的肥料。而目前大量的固体复混肥料就是养分比例相对固定但对处于特定生长阶段的作物而言可能并不合适。比如作物的苗期和开花期需要高磷配方，幼果期需要高氮配方，膨果期需要高氮高钾配方，果实着色期需要高钾配方等。目前，农户往往重视大量元素的施用，而忽视中微量元素的补充，从而导致中微量元素成为作物高产优质的限制因素。

3. 肥料中不同形态养分的平衡

养分形态对养分吸收及养分的有效性具有显著影响。如氮肥有 3 种形态，即酰胺态氮、铵态氮和硝态氮。酰胺态氮被直接吸收的极少，在土壤中需要水解转化为铵态氮才能被吸收利用。在这个水解转化过程中，受温度和土壤微生物活性的影响很大。因此，在低温和土壤有机质缺乏的情况下，酰胺态氮的利用率较低。铵态氮和硝态氮能够直接被吸收利用，施肥后见效快，被称为速效性养分。铵态氮容易被土壤胶体吸附，不易流失，在通气好的土壤中可以转化成硝态氮；硝态氮不易被土壤胶体吸附，移动快，在大水漫灌条件下容易淋失，在低温条件下硝态氮也能发挥作用。不同作物对铵态氮和硝态氮的比例反应往往不同。例如，水稻幼苗根中缺少硝酸还原酶，对硝态氮不能很好利用，而且水田中施用硝态氮易于流失，淹水条件下的反硝化作用也是氮素损失的原因。因此，水稻田施用硝态氮的比例应该适当低一些。研究表明，铵态氮与硝态氮的配比为 1∶1 时对于提高烟叶产量、质量和化学成分协调性上效果最佳；在葡萄上铵态氮与硝态氮比例为 1∶3 时其新梢和叶片的生长及光合作用效果最优；而在油菜上，铵态氮与硝态氮的配比为 3∶1 时能够促进油菜的生长、增强光合作用、提高产量。因此，在氮肥推荐用量相同的情况下，不同的铵硝比例会影响作物对氮的吸收和利用效率。

不同形态的磷肥也会影响作物对磷的吸收。以正磷酸盐为原料的磷肥施入土壤后，磷酸根会与土壤中 Ca^{2+}、Mg^{2+}、Al^{3+}、Fe^{3+} 等离子发生化学沉淀，致使大部分施入土壤的磷转化为无效磷（难溶态）积累在土壤中，从而导致磷肥当季利用率很低。聚磷酸磷肥中的磷是以聚合态为主，故而减少了土壤对磷的吸附与固定。有研究表明，聚磷酸磷肥可显著提高石灰性土壤中磷、铁、锰和锌的有效性，减少土壤对磷的固定。但是，聚磷酸盐具有一定的缓释性，施入土壤后需要经过水解成正磷酸盐后才能被作物吸收。因此，在磷肥使用过程中，要注意正磷酸盐和聚磷酸盐的搭配，做到缓速结合，既要满足作物对磷的需求，又要尽量减少磷被金属离子固定。大量研究表明，螯合态的微量元素和金属盐中的微量元素在土壤中的化学行为及根系吸收效率上也存在显著差异。在进行肥料配方时，不但要考虑作物的需求总量，还要考虑有关养分形态的合理搭配，这样生产出来的肥料更符合作物的营养规律。

4. 植株养分平衡（植株养分监测）

施肥的最终目的是让植株体内的养分保持平衡，前面叙述的3个平衡都是植株体内养分平衡的前提条件。作物在不同阶段的养分平衡比例是不一样的，在施肥过程中，应结合土壤等因素，根据作物不同时期的养分需求规律进行平衡施肥，因此平衡施肥是一个动态的概念。例如，巨峰葡萄在萌芽期对磷需求相对较高，应以高磷中氮配方肥为主，如果这个时期的氮肥施用量过高容易导致新芽生长过旺，抑制开花；在葡萄的小果期对氮、磷需求相对较高，应以高氮中磷配方肥为主；在葡萄的快速膨大期对氮、钾的需求较高，应以高氮中钾配方肥为主，此时葡萄需要的氮比较多，如果植株体内的钾含量过高，会抑制果实膨大，容易形成"僵果"；在葡萄的上色期对钾的需求量较高，应以高钾配方肥为主，加快果实着色和糖分累积。

植株的养分不平衡会引发很多生理性病害。例如，玉米缺锌导致的白化苗症状，番茄缺钙引起的脐腐病，柑橘缺镁导致的叶片失绿黄化等。当作物表现出缺素症状的时候，一般比较难矫正，会降低当季作物的产量和品质。通过叶片或叶柄汁液养分检测，快速诊断植株养分的丰缺，及时调整施肥方案，可降低潜在缺素对作物产量和品质造成的影响。

在养分吸收不受干扰的情况下，四个平衡是紧密相关的。其中植株养分平衡是最终目的，土壤养分平衡是植株养分平衡的基础，满足植株养分的平衡，需要维持土壤养分平衡；维持土壤养分的平衡则需要肥料养分平衡和养分形态平衡做支撑。而反过来，植株养分的不平衡会反映出土壤养分的不平衡，而土壤养分的不平衡则反映出肥料养分不平衡，需要调整肥料的养分配比和形态，达到平衡施肥的目的。当养分吸收受干扰（如根系受损吸收能力下降、不合理的灌溉方法、不合理的施肥方法等）时，即使施用配方肥使土壤养分保持平衡，但由于养分吸收受限制，此时植物体内也很难保证养分平衡。当这种情况出现时，植株营养诊断就显示出它的实用价值。

第二节　施肥方案制定的基本程序

水溶性复混肥料的合理施用，需要建立在科学合理的施肥方案的基础上，盲目施用不仅达不到作物高产、养分高效的目标，还可能破坏土壤、污染环境，造成一系列问题。科学的水肥管理环节，需要从作物的养分需求规律、土壤环境条件、施肥方式和肥料产品特性等方面着手，设计出一套本地化的施肥管理方案。具体的思路和步骤如图 5-5 所示。

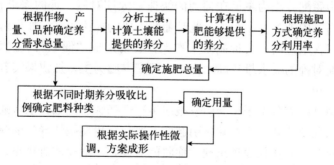

图 5-5　施肥方案制定的基本程序

制定科学的施肥方案，首先要确定田间作物的养分需求总量。确定施肥总量的主要方法有养分平衡法、养分丰缺指标法及肥料效应函数法等，这些方法各有优缺点，相比较而言养分平衡法较实用，其定义是根据目标产量需肥量与土壤供肥量之差估算目标产量施肥量，通过施肥补足土壤供应不足的那部分养分。图 5-5 所示的即是通过养分平衡法来制定施肥方案的思路。

一、确定养分需求总量

作物正常生长的情况下，是按照一定的比例来吸收各种营养元素的，遵循最小养分律和不可替代律。通常根据单位产量的需肥量，即每生产 100 千克（或 1 000 千克）农产品所需要吸收的养分数量，结合目标产量来确定养分需求量。

单位产量需肥量是通过植株养分测定计算出来的一个数值区间或者平均值，目前这方面的资料比较多，可以查阅使用，表 5-1 中列出了部分作物的单位产量需肥量数据，供查阅参考。但要说明一下，单位产量需肥量受遗传因素（作物、品种）和环境条件的影响较大，即便是同一作物在不同的环境条件下的需肥量也是有差别的。有数据表明，水稻的 100 千克籽粒需氮量为 2.1～2.4 千克，浙江省农业科学院和农业农村厅所测的数据是 1.7 千克，辽宁省农业科学院所测的数据是 1.8 千克；常规数据认为每生产 1 000 千克马铃薯的氮、磷、钾养分需求量分别为 5 千克、2 千克和 9 千克，而目前内蒙古自治区农牧业科学院给出的数据是氮、磷、钾需求量分别为 3.3 千克、1.1 千克、5.1 千克。这些数据表明，按照资料数据直接估算施肥量会有一定的缺陷，如果想达到精准的计算，需要查阅或者自测当地的数据。

表 5-1　不同作物 100 千克产量的需肥量数据（千克）

作物		产物	氮（N）	磷（P₂O₅）	钾（K₂O）
大田作物	水稻	籽粒（风干重）	1.60～2.60	0.80～1.30	1.80～3.20
	小麦	籽粒（风干重）	2.60～3.00	1.00～1.40	2.00～2.60
	大麦	籽粒（风干重）	2.70	0.90	2.20
	荞麦	籽粒（风干重）	3.30	1.00～1.60	4.30
	春玉米	籽粒（风干重）	2.20	0.71	1.91

（续）

	作物	产物	氮（N）	磷（P_2O_5）	钾（K_2O）
大田作物	夏玉米	籽粒（风干重）	2.20	0.68	1.95
	高粱	籽粒（风干重）	2.60	1.30	3.00
	马铃薯	块根（风干重）	0.25～0.55	0.20～0.22	1.06～1.20
	甘薯	块根（风干重）	0.35～0.42	0.15～0.18	0.55～0.62
	花生	荚果（风干重）	4.00～6.40	0.80～1.20	1.70～3.20
	油菜	籽粒（风干重）	8.80～11.30	3.00～3.90	8.50～12.70
	芝麻	籽粒（风干重）	9.00～10.00	2.50	10.00～11.00
	向日葵	籽粒（风干重）	6.22～7.44	1.35～1.86	14.60～16.60
	大豆	籽粒（风干重）	7.20	1.60～1.80	3.20～4.0
	绿豆	籽粒（风干重）	9.68	0.93	3.51
	蚕豆	籽粒（风干重）	6.44	2.00	5.00
	豌豆	籽粒（风干重）	3.09	0.86	2.86
	咖啡	咖啡豆（风干重）	7.00	1.40	7.60
	啤酒花	球果（风干重）	16.00	8.00	15.00
	甘蔗	茎（风干重）	0.15～0.20	0.10～0.15	0.20～0.25
	烟草	烟叶（风干重）	4.10	1.00～1.60	4.80～6.40
棉花（黄河流域）		皮棉	8.48～10.10	2.75～3.25	15.41～15.63
棉花（长江流域）		皮棉	11.80～17.50	1.70～2.80	9.20～12.80
棉花（西北内陆）		皮棉	9.17～12.33	2.48～3.39	8.93～11.78
蔬菜	加工番茄	果实（鲜重）	0.24	0.04	0.28～0.32
	制干辣椒	果实（鲜重）	0.35～0.55	0.07～0.14	0.55～0.72
	黄瓜	果实（鲜重）	0.28～0.32	0.08～0.13	0.36～0.44
	辣椒	果实（鲜重）	0.30～0.52	0.06～0.11	0.50～0.65
	番茄	果实（鲜重）	0.22～0.28	0.05～0.08	0.42～0.48
	茄子	果实（鲜重）	0.26～0.30	0.07～0.10	0.31～0.50
	甜菜	块根（鲜重）	0.45～0.50	0.14～0.25	1.00
	萝卜	块根（鲜重）	0.40～0.50	0.12～0.20	0.40～0.60

（续）

作物	产物	氮（N）	磷（P$_2$O$_5$）	钾（K$_2$O）
胡萝卜	块根（鲜重）	0.41	0.17	0.58
结球甘蓝	叶（鲜重）	0.30	0.10	0.41
白菜	叶（鲜重）	0.18～0.26	0.09～0.11	0.32～0.37
菠菜	叶（鲜重）	0.36	0.18	0.52
蔬菜 韭菜	茎叶（鲜重）	0.37	0.09	0.31
大葱	茎叶（鲜重）	0.30	0.10	0.40
芹菜	茎叶（鲜重）	0.40	0.14	0.60
菜豆	荚果（鲜重）	0.80	0.25	0.70
架芸豆	荚果（鲜重）	0.81	0.23	0.68
花椰菜	全株（鲜重）	2.00	0.67	1.65
苹果	果实（鲜重）	0.30～0.40	0.11～0.13	0.37～0.43
梨	果实（鲜重）	0.47	0.23	0.48
柑橘	果实（鲜重）	0.18	0.05	0.24
樱桃	果实（鲜重）	0.25	0.10	0.30～0.35
柿	果实（鲜重）	0.80	0.30	1.20
葡萄	果实（鲜重）	0.30	0.15	0.36
水果 猕猴桃	果实（鲜重）	0.18	0.02	0.32
草莓	果实（鲜重）	0.14	0.03	0.20
火龙果	果实（鲜重）	0.29	0.03	0.57
香蕉	果实（鲜重）	0.20	0.05	0.60
菠萝	果实（鲜重）	0.35	0.11	0.74
枣（山东）	果实（鲜重）	1.60～2.00	0.90～1.20	1.30～1.60
枣（新疆）	果实（鲜重）	2.00～3.00	1.30～2.00	1.60～2.40

　　目标产量是计算需肥量的基础数据。作物的产量水平远远没有达到它的产量潜力（基因潜力），作物的生长过程中受到各种因素的限制，所以不能完全实现其产量潜力。限制因素包括土壤地力、

有机质、水分、盐分，以及所采取的栽培措施。因此，通常情况下的目标产量，一定是在特定环境下的、实际可达到的产量。既不能定太高，也不能定太低。一般可以在本地区往年平均产量的基础上，增加 15%～20% 作为目标产量。

目标产量确定好以后，结合单位产量需肥量数据，可计算出该产量水平下的作物需肥量数据。需肥量＝目标产量×单位产量需肥量，其中需肥量的单位为千克/亩。

二、土壤和有机肥中可提供的养分

在确定需肥量以后，还要考虑养分的其他来源。土壤中的本底养分可能来自前茬作物施肥的残留、灌溉带入的养分、土壤矿物的分解及土壤有机质的矿化等，可通过土壤检测了解土壤中的养分含量。测土配方施肥技术就是通过检测土壤中各种形态养分的含量，根据土壤的养分含量水平来推荐施肥。

计算公式为：土壤养分供应量＝土壤养分测定值×0.15（每亩的换算系数）×校正系数（0.5～0.7）。其中，0.15 为将养分换算成每亩耕层（20 厘米）可提供养分数量的系数；校正系数 0.5～0.7 为作物可利用土壤速效养分的 50%～70%，其中氮、钾按照 0.7，磷按照 0.5 计算。

举例来说，如果土壤的速效氮、磷、钾测得值为 65 毫克/千克、10 毫克/千克和 100 毫克/千克，那么土壤的供肥量：土壤供氮量＝65×0.15×0.7（土壤速效氮的利用系数）≈6.82 千克/亩；土壤供磷量＝10×0.15×2.29（P 转化为 P_2O_5 的换算系数）×0.5（土壤有效磷的利用系数）≈1.71 千克/亩；土壤供钾量＝100×0.15×1.2（K 转化为 K_2O 的换算系数）×0.7（土壤速效钾的利用系数）＝12.6 千克/亩。

土壤养分检测通常在实验室进行。但这个过程比较耗时，不能及时得出结果指导田间管理，而且费用较高。针对这个问题，国内外不少机构研发出了各种类型的田间土壤速测设备（图 5-6）。田间速测的优点是快速、低成本，速测人员可以了解更多田间栽培条

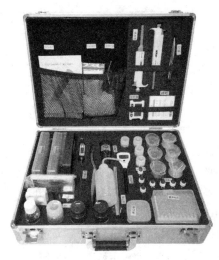

图 5-6 养分速测工具箱

件，不足是测定精度比室内分析偏低。

施肥强调有机肥和化肥配合施用。施用有机肥也向土壤中带入不少的养分。绝大部分的有机肥的养分含量可查阅表 5-2 获得。市场上的商品有机肥包装袋上已标明养分含量。有机肥中能够提供的养分含量可通过公式计算：有机物料的供肥量=有机肥施用量×有机肥中的养分含量×当季利用率，其中，有机肥施用量的单位为千克/亩，有机肥中的养分含量为％，有机肥当季利用率通常为20％～25％。

表 5-2   不同来源有机物料中的养分数据

名　称	风干基（％）			鲜基（％）		
	氮	磷	钾	氮	磷	钾
人粪尿	9.973	1.421	2.794	0.643	0.106	0.187
人粪	6.357	1.239	1.482	1.159	0.261	0.304
人尿	24.591	1.609	5.819	0.526	0.038	0.136
猪粪	2.090	0.817	1.082	0.547	0.245	0.294

（续）

名　称	风干基（%）			鲜基（%）		
	氮	磷	钾	氮	磷	钾
猪尿	12.126	1.522	10.679	0.166	0.022	0.157
猪粪尿	3.773	1.095	2.495	0.238	0.074	0.171
马粪	1.347	0.434	1.247	0.437	0.134	0.381
马粪尿	2.552	0.419	2.815	0.378	0.077	0.573
牛粪	1.560	0.382	0.898	0.383	0.095	0.231
牛尿	10.300	0.640	18.871	0.501	0.017	0.906
牛粪尿	2.462	0.563	2.888	0.351	0.082	0.421
羊粪	2.317	0.457	1.284	1.014	0.216	0.532
兔粪	2.115	0.675	1.710	0.874	0.297	0.653
鸡粪	2.137	0.879	1.525	1.032	0.413	0.717
鸭粪	1.642	0.787	1.259	0.714	0.364	0.547
鹅粪	1.599	0.609	1.651	0.536	0.215	0.517
蚕沙	2.331	0.302	1.894	1.184	0.154	0.974
堆肥	0.636	0.216	1.048	0.347	0.111	0.399
沤肥	0.635	0.250	1.466	0.296	0.121	0.191
猪圈粪	0.958	0.443	0.950	0.376	0.155	0.298
马厩肥	1.070	0.321	1.163	0.454	0.137	0.505
牛栏粪	1.299	0.325	1.820	0.500	0.131	0.720
羊圈粪	1.262	0.270	1.333	0.782	0.154	0.740
水稻秸秆	0.826	0.119	1.708	0.302	0.044	0.663
小麦秸秆	0.617	0.071	1.017	0.314	0.040	0.653
大麦秸秆	0.509	0.076	1.268	0.157	0.038	0.546
玉米秸秆	0.869	0.133	1.112	0.298	0.043	0.384
大豆秸秆	1.633	0.170	1.056	0.577	0.063	0.368
油菜秸秆	0.816	0.140	1.857	0.266	0.039	0.607
花生秸秆	1.658	0.149	0.990	0.572	0.056	0.357

（续）

名　称	风干基（%）			鲜基（%）		
	氮	磷	钾	氮	磷	钾
马铃薯藤	2.403	0.247	3.581	0.310	0.032	0.461
甘薯藤	2.131	0.256	2.750	0.350	0.045	0.484
烟草秆	1.295	0.151	1.656	0.368	0.038	0.453
甘蔗茎叶	1.001	0.128	1.005	0.359	0.046	0.374
紫云英	3.085	0.301	2.065	0.391	0.042	0.269
苕子	3.047	0.289	2.141	0.632	0.061	0.438
草木樨	1.375	0.144	1.134	0.260	0.036	0.440
豌豆	2.47	0.241	1.719	0.614	0.059	0.428
箭笤豌豆	1.846	0.187	1.285	0.652	0.070	0.478
蚕豆	2.392	0.270	1.419	0.473	0.048	0.305
紫穗槐	2.706	0.269	1.271	0.903	0.090	0.457
三叶草	2.836	0.293	2.544	0.643	0.059	0.589
满江红	2.901	0.359	2.287	0.233	0.029	0.175
水花生	2.505	0.289	5.01	0.342	0.041	0.713
水葫芦	2.301	0.430	3.862	0.214	0.037	0.365
紫茎泽兰	1.541	0.248	2.316	0.390	0.063	0.581
蒿枝	2.522	0.315	3.042	0.644	0.094	0.809
黄荆	2.558	0.301	1.686	0.878	0.099	0.576
马桑	1.896	0.190	0.839	0.653	0.066	0.284
茅草	0.749	0.109	0.755	0.385	0.054	0.381
松毛	0.924	0.094	0.448	0.407	0.042	0.195
豆饼	6.684	0.440	1.186	4.838	0.521	1.338
菜籽饼	5.250	0.799	1.042	5.195	0.853	1.116
花生饼	6.915	0.547	0.962	4.123	0.367	0.801
芝麻饼	5.079	0.731	0.564	4.969	1.043	0.778
茶籽饼	2.926	0.488	1.216	1.225	0.200	0.845

（续）

名 称	风干基（%）			鲜基（%）		
	氮	磷	钾	氮	磷	钾
棉籽饼	4.293	0.541	0.760	5.514	0.967	1.243
酒渣	2.867	0.330	0.350	0.714	0.090	0.104
木薯渣	0.475	0.054	0.247	0.106	0.011	0.051
腐植酸类	0.956	0.231	1.104	0.438	0.105	0.609
褐煤	0.876	0.138	0.950	0.366	0.040	0.514
沼渣	12.924	1.828	9.886	0.109	0.019	0.088
沼液	1.866	0.755	0.835	0.499	0.216	0.203

三、不同施肥方式下的养分利用率

肥料的利用效率和施肥方式有很大的关系。根据相关统计，在目前的栽培管理水平下，作物对化肥利用率的变动范围：氮肥为30%～60%，磷肥为10%～25%，钾肥为40%～70%。施肥方法对养分利用率有着很大的影响。

比如根据《中国三大粮食作物肥料利用率研究报告》的研究表明，目前我国水稻、玉米、小麦三大粮食作物氮肥、磷肥和钾肥当季平均利用率分别为33%、24%、42%。其中，小麦氮肥、磷肥、钾肥利用率分别为32%、19%、44%；水稻氮肥、磷肥、钾肥利用率分别为35%、25%、41%；玉米氮肥、磷肥、钾肥利用率分别为32%、25%、43%。粮食作物的当季利用率较低，主要是施肥方式导致的。粮食作物主要以撒施、条施为主，施肥位置、施肥时间上与作物需求匹配度不高，当季作物吸收量有限，外加上各种形式的养分损失，尤其是氮素养分的损失，这就导致了粮食作物养分利用率低下。

在干旱地区和许多经济作物上，滴灌施肥提高了养分的利用率。滴灌施肥的好处是：肥料直接溶解在水中，随水施肥，直达作物的根部，能够快速被根系吸收利用；在作物的需要肥料的时候，能及时地、有针对性地补充。所以相对而言，滴灌施肥的养分利用率要比撒施高出近一倍。喷灌施肥也有类似优点，不同施肥方式下的当季养分利用率可参考表5-3中的数据。

表5-3 不同施肥方式下的当季养分利用效率

施肥方式	养分利用效率（%）		
	氮（N）	磷（P_2O_5）	钾（K_2O）
撒施	25～40	8～20	40
滴灌	70～85	35～50	80～90
喷灌	60～70	15～25	70～80

大多数情况下，作物施肥既有底肥也有追肥，两者的分配比例不同，可根据实际情况灵活调整。把所有肥料当作底肥一次性施肥（俗称"一炮轰"施肥），肥料利用率必然会下降，可能会出现后期脱肥现象，这种施肥安排要尽量避免。在偏沙性的土壤上，如果有灌溉设备，可尝试全部肥料作为追肥施用。

四、确定施肥总量

确定了总需肥量、土壤供肥量、有机肥供肥量后，结合所选的肥料中的养分含量、施肥方式、基追比例，就可以计算出肥料养分的投入总量了。总体的计算公式为：施肥量＝（作物需肥量－土壤养分供应量－有机物料供肥量）/（肥料当季利用率×所施肥料的养分含量）。具体的计算步骤可参考本章第三节水溶性复混肥料应用案例，其中有多种常见的代表性作物的施肥方案设计步骤。

五、制定施肥方案并不断优化调整

计算出养分投入量以后，可根据作物不同时期的养分需求比例，确定在该作物各个时期的养分分配数量，结合施肥习惯和田间条件做一些微调，这样施肥方案则基本成形。

施肥方案的设计除了科学精准的计算之外，还需要紧密联系田间实际，因地制宜，以保障施肥方案能够有效执行下去。施肥方案在推广中，仍需根据种植条件的变化，不断调整完善，不断优化细化。

以海南反季节种植的哈密瓜为例，种植的土壤主要是沙质土，保水保肥性差，每年 9～11 月第一茬种植时气温较高，蒸发量大，每天通过滴灌浇水 2～3 次。这种管理模式下，水肥很容易淋洗，在方案实施的过程中发现植株容易出现缺氮的症状，是因为水溶性复混肥料中的氮源的酰胺态氮比例较高，施入土壤中很容易淋洗损失，氮肥利用率较低，而在同等施肥量情况下，将肥料配方换成铵态氮和硝态氮这种速效氮含量较高的肥料时，则可以避免出现缺氮症状。而 11 月至翌年 1 月的第二茬哈密瓜，由于低温天气出现概率较大，在低温时减少甚至不进行灌溉施肥，等到温度升高后再进行，此时便不能严格按照施肥方案来执行，必须根据天气情况来执行，避免在低温寡照时过多水肥造成根系损伤。另外有些品种的哈密瓜，在关键生育期对水肥管理比较苛刻，例如，西州蜜 25 号开网纹期容易裂果、小网纹瓜后期需严格控氮以延长货架期等。因此，施肥方案在实施过程中，需要针对管理习惯、环境条件、品种特性等因素，做适应性调整，细化成适应不同条件的系列方案。

第三节　水溶性复混肥料应用案例

一、粮食作物

水稻、小麦、玉米和马铃薯并称为四大主粮作物。目前，玉米和马铃薯上水肥一体化技术的应用面积较大，对水溶性复混肥料的使用量大。下面以玉米为例，介绍水溶性复混肥料在粮食作物上的应用方案设计和管理要点。

1. 玉米种植基本情况

玉米是中国种植面积最多的粮食作物，南北种植管理上存在着很大的差异。本案例以内蒙古西部巴彦淖尔市的膜下滴灌春玉米为例，介绍水溶肥料在其种植管理上的应用。该区域的玉米种植均采用宽窄行膜下滴灌的种植方式，密植品种的密度在 5 500～7 000 株/亩，普通品种的种植密度在 4 000～5 000 株/亩，种植玉米品种的生长日期在 125～135 天，产量水平普遍在 800～900 千克/亩。

2. 施肥量确定

对于春玉米而言，每生产 100 千克的风干玉米籽粒需要吸收氮（N）2.2 千克、磷（P_2O_5）0.71 千克、钾（K_2O）1.91 千克。假设目标产量为每亩 900 千克，则每亩需要吸收氮（N）：2.2×9＝19.8 千克；磷（P_2O_5）：0.71×9＝6.39 千克；钾（K_2O）：1.91×9＝17.19 千克。

在巴彦淖尔区域，施肥通常采用"底肥＋滴灌追肥"的施肥方式，基本不用有机肥还有少部分农户不施底肥，全程滴灌追肥补充养分。在当地底肥通常施用 15～30 千克复合肥（主要为磷酸二铵，比例 18-46-0），而固体底肥氮、磷、钾的利用率大约为 30%、20%、40%。假设底肥投入 20 千克的磷酸二铵，则每亩提供给玉米吸收的氮（N）、磷（P_2O_5）、钾（K_2O）的量分别为：20×0.18×0.3＝1.08 千克，20×0.46×0.2＝1.84 千克，20×0×0.4＝0 千克。

对于土壤而言，假设每亩土壤能提供的速效氮、磷、钾分别为 50 毫克/千克、20 毫克/千克、110 毫克/千克，则参照土壤养分供应量计算方法，每亩土壤能提供的氮、磷、钾分别为：50×0.15×0.7＝5.25 千克，20×0.15×2.29×0.5≈3.44 千克，110×0.15×1.2×0.7＝13.86 千克。需从追肥中吸收的氮（N）：19.8－1.08－5.25＝13.47 千克；磷（P_2O_5）：6.39－1.84－3.44＝1.11 千克；钾（K_2O）：17.19－0－13.86＝3.33 千克。

3. 施肥方案的制定与实施

明确具体的用肥方案之前需要了解作物的物候期及各时期养分的吸收分配状况。图 5-7 为玉米的生育期图解，结合玉米的养分需求规律，将各时期的养分供应按比例进行合理分配，见表 5-4。

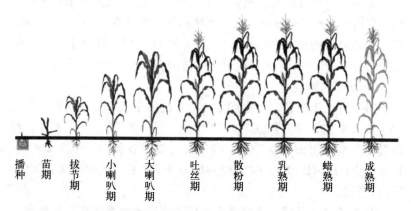

图 5-7　玉米各生育期示意图

表 5-4　春玉米各时期养分分配比例（%）

养分	苗期	拔节到散粉期	散粉到成熟期
氮（N）	15	65	20
磷（P₂O₅）	10	40	50
钾（K₂O）	10	80	10

在巴彦淖尔地区，玉米追肥普遍采用滴灌追肥的方式。滴灌的养分利用效率较高，通常氮的利用率可达 70% 左右，磷的利用率可达 50% 左右，钾的利用率可达 80% 左右。追肥中每亩的养分投入分别为氮（N）：13.47/0.7＝19.24 千克；磷（P_2O_5）：1.11/0.5＝2.22 千克；钾（K_2O）：3.33/0.8≈4.16 千克。使用不同养分比例的液体配方肥制作施肥方案，对当地常规施肥方案（追肥 25～50 千克尿素，分 3～4 次追施）进行优化，遵循少量多次原则，将施肥次数增加到 9 次，具体方案见表 5-5。

表 5-5　内蒙古巴彦淖尔市滴灌春玉米施肥方案

时期	次数	配方比例	液体配方肥用量（千克/亩）
苗期	2	9-3-3＋TE	30

（续）

时期	次数	配方比例	液体配方肥用量（千克/亩）
拔节到散粉期	5	12-1-3+TE	100
散粉到成熟期	2	12.5-1-1+TE	400
合计	9	—	170

注：TE 代指微量元素。

以上施肥方案中，氮、磷、钾养分的投入量分别为 19.7 千克、2.3 千克、4.3 千克，与方案预期氮、磷、钾养分投入量基本吻合。

4. 需要注意的问题

（1）土壤质地 不同区域土壤质地差异较大，黏土和壤土保水保肥性好，沙土保水保肥性差。对于质地黏重的土壤可以考虑重施底肥，减少滴水的频率；对于质地轻的土壤应该轻施底肥甚至不施，通过滴灌全程追施，同时也要增加灌溉的频率，保证水分供应。

（2）养分淋洗 玉米整个生育期的需水量很大，为 260~300 米³/亩，且不同时期玉米的需水量不同，所以滴水时间通常在 6~12 小时范围内。但是，大多数农户在滴水时就开始滴肥，出现滴水前 1~2 小时内肥料已经施入地里，剩下时间完全在滴清水，加之当地追肥主要以尿素和水溶性复合肥为主，所以易导致肥料被淋洗到玉米根区以外。因此，应在停水前 1~2 小时开始滴肥，防止滴肥时间过长导致淋洗，并空出半小时滴清水清洗管道。

（3）早春低温 北方春玉米的播种在 4~5 月，玉米苗期出现早春低温，根系和地上部分生长缓慢，出现僵苗的情况。苗期僵苗提苗应注意施用易于吸收的硝态氮肥和铵态氮肥，尽量不要施用尿素，因为尿素在低温条件下水解缓慢，供肥不及时。

（4）养分平衡 在玉米生长过程中苗期由于土壤、温度等原因易出现缺磷，拔节到抽穗期由于养分淋洗或施肥不足出现缺氮的情况，应注意观察长势，根据作物的表观特征或者进行叶片速测来判断生长是否正常来调整方案。

二、叶菜类蔬菜

叶菜类蔬菜包括两类，第一类是以嫩叶和茎供食用的蔬菜，如小白菜、芹菜、菠菜、苋菜、莴苣等，称为绿叶菜类；第二类是以叶球供食用的蔬菜，如结球甘蓝、大白菜（结球白菜）、花椰菜等，称为结球叶菜类。以下以大白菜为例，介绍叶菜类蔬菜的养分管理要点和水溶肥料的使用方法。

1. 大白菜种植基本情况

大白菜栽培面积和消费量在我国居各类蔬菜之首，单产高，一般亩产在 3 500～4 000 千克，高产可达 5 000 千克。在农业生产中，不少大白菜种植户往往是重基肥、轻追肥，或者不能做到平衡施肥等，导致近年来大白菜口味平淡，味道不佳。

2. 施肥量的确定

对于大白菜而言，每生产 1 000 千克的鲜菜需要吸收氮（N）1.8～2.6 千克、磷（P_2O_5）0.9～1.1 千克、钾（K_2O）3.2～3.7 千克，取平均值分别为氮（N）2.2 千克、磷（P_2O_5）1.0 千克、钾（K_2O）3.45 千克。假设目标产量为每亩 5 000 千克，则每亩需要吸收氮（N）：2.2×5＝11.0 千克；磷（P_2O_5）：1.0×5＝5.0 千克；钾（K_2O）：3.45×5＝17.25 千克。

本案例以"底肥＋滴灌追肥"的施肥方式来确定大白菜的施肥量。在某地大白菜底肥施用 40 千克复合肥（比例 12-18-15），不施用有机肥，固体底肥氮、磷、钾的利用率分布为 30%、20%、40%，则每亩提供给大白菜吸收的氮、磷、钾的量分别为：40×0.12×0.3＝1.44 千克，40×0.18×0.2＝1.44 千克，40×0.15×0.4＝2.4 千克。

对于土壤而言，假设每亩土壤能提供的速效氮、磷、钾分别为 40 毫克/千克、16 毫克/千克、35 毫克/千克，则参照土壤养分供应量计算方法，每亩土壤能提供的氮、磷、钾分别为：40×0.15×0.7＝4.2 千克，16×0.15×2.29×0.5≈2.75 千克，35×0.15×1.2×0.7＝4.41 千克。需从追肥中吸收的氮（N）：11.0－1.44－

4.2＝5.36 千克；磷（P_2O_5）：5.0－1.44－2.75＝0.81 千克；钾（K_2O）：17.25－2.4－4.41＝10.44 千克。

3. 施肥方案的制定与实施

对于大白菜而言，其生育期可以分为苗期、莲座期、结球期。结合大白菜的养分需求规律，将各时期的养分供应按比例进行合理分配，见表 5-6。

表 5-6　大白菜各时期养分分配比例（％）

养分	苗期	莲座期	结球期
氮（N）	10	30	60
磷（P_2O_5）	10	30	60
钾（K_2O）	10	30	60

对于大白菜的追肥，本案例以滴灌的施肥方式来说明。滴灌的养分利用效率较高，通常氮的利用率可达 70％左右，磷的利用率可达 50％左右，钾的利用率可达 80％左右。按照以上利用率计算，大白菜每亩需要施入的纯氮、磷、钾分别为 5.36/0.7≈7.66 千克，0.81/0.5＝1.62 千克，10.44/0.8＝13.05 千克。通过少量多次施肥，在生育期内施 6 次肥，使用液体和固体复合肥合理搭配进行施用，具体方案见表 5-7。

表 5-7　滴灌大白菜施肥方案

时期	次数	每次各配比肥料用量（千克/亩）		
		15-10-13	13-0-46	硝酸钙镁（13-0-0）
苗期	1	5		
莲座期	2	6		4
结球期	3		8	3
合计	6	17	24	7

以上方案中，氮、磷、钾养分投入量分别为 7.88 千克、1.7 千克、13.25 千克，与方案预期的氮、磷、钾养分投入量基本

吻合。

4. 需要注意的问题

（1）养分平衡　在大白菜的生长过程中注意不要偏施氮肥，结合磷、钾及中微量元素平衡施用。在生产中出现钙、硼等元素的缺乏，要及时根部追肥或叶面喷施补充。为预防营养的缺乏，可通过叶片速测技术来提前判定以便调整方案。

（2）养分淋洗　施肥采用少量多次的原则，注意在停水前1～2小时开始滴肥，防止滴肥时间过长导致淋洗，并空出半小时滴清水清洗管道。

三、瓜果类蔬菜

（一）黄瓜

1. 黄瓜种植基本情况

黄瓜，又名青瓜，在全国各地均有栽培，露地黄瓜和保护地黄瓜的管理模式不一样，生育时期和产量水平也不一样。露地种植密度一般在4 000～4 500株/亩，产量水平一般在2 000～3 000千克/亩；保护地种植密度一般在3 000～4 000株/亩，保护地黄瓜会采取摘叶落蔓的管理操作，生育期较长，产量水平一般在3 000～10 000千克/亩。

黄瓜属于连续采摘的作物，生育期水肥需求量大，当前生产中大水漫灌、浇灌、滴灌等不同层次的灌溉施肥方式均有采用。农民为了追求高产往往会盲目增加水肥投入，施肥量大大超过黄瓜的实际吸收量，容易造成肥料的严重浪费，还可能引起盐渍化、病害等一系列问题，影响后续的种植。

大水漫灌在黄瓜栽培中比较常见，在露地栽培或者北方棚区黄瓜种植较为普遍，该施肥方式下的单次施肥量可能达到25～50千克，肥料集中在垄沟中慢慢下渗，施肥位置不精准，在北方偏沙的土壤上，肥料的淋洗特别严重。这种施肥模式下的另一个悖论是，保水保肥性好的土壤上，淋洗少了，但是盐渍化、沤根现象频发。建议黄瓜栽培上，尽量采用膜下滴灌的方式。

2. 施肥量的确定（参考目标产量法）

通常生产 1 000 千克黄瓜果实需要吸收氮（N）2.8～3.2 千克、磷（P_2O_5）0.8～1.3 千克、钾（K_2O）3.6～4.4 千克，取平均值为氮（N）3.0 千克、磷（P_2O_5）1.05 千克、钾（K_2O）4.0 千克。以保护地栽培为例，假定目标产量为 5 000 千克/亩，则所需要吸收的养分量为氮（N）：$5 \times 3.0 = 15.0$ 千克；磷（P_2O_5）：$5 \times 1.05 = 5.25$ 千克；钾（K_2O）：$5 \times 4.0 = 20.0$ 千克。

黄瓜一般是底肥＋追肥的施肥模式，保护地栽培，底肥中有机肥的使用量较多，一般能达到 1 000～2 000 千克，配合 50～100 千克的三元复合肥作为底肥。假定底肥施用 1 000 千克发酵鸡粪，外加 50 千克的复合肥（15 - 15 - 15），经查阅干鸡粪中的氮、磷、钾养分含量分别为 2.137％、0.879％、1.525％，则每亩有机肥中的养分投入量为氮（N）：$1\,000 \times 2.137\% \times 20\% = 4.27$ 千克；磷（P_2O_5）：$1\,000 \times 0.879\% \times 20\% = 1.76$ 千克；钾（K_2O）：$1\,000 \times 1.525\% \times 20\% = 3.05$ 千克。复合肥中供应的养分为氮（N）：$50 \times 15\% \times 30\% = 2.25$ 千克；磷（P_2O_5）：$50 \times 15\% \times 20\% = 1.5$ 千克；钾（K_2O）：$50 \times 15\% \times 40\% = 3.0$ 千克（有机肥中的所带氮、磷、钾养分的当季利用率均为 20％；底肥中氮、磷、钾养分的当季利用率为 30％、20％和 40％）。

保护地黄瓜种植的地块，一般土壤肥力中等，测得的土壤速效氮（硝态氮）、磷、钾含量分别为 30 毫克/千克、10 毫克/千克、60 毫克/千克，则土壤中可提供的养分为氮（N）：$30 \times 0.15 \times 0.7 = 3.15$ 千克；磷（P_2O_5）：$10 \times 0.15 \times 2.29 \times 0.5 = 1.72$ 千克；钾（K_2O）：$60 \times 0.15 \times 1.2 \times 0.7 = 7.56$ 千克。那么黄瓜的追肥所需要的养分量为氮（N）：$15.0 - 4.27 - 2.25 - 3.15 = 5.33$ 千克；磷（P_2O_5）：$5.25 - 1.76 - 1.5 - 1.72 = 0.27$ 千克；钾（K_2O）：$20 - 3.05 - 3.0 - 7.56 = 6.39$ 千克。

3. 施肥方案的制定与实施

在水肥一体化技术条件下，黄瓜氮的利用率可达 70％左右，磷的利用率可达 50％左右，钾的利用率可达 80％左右，则追肥所需要投入的养分含量为氮（N）：5.33/0.70＝7.6 千克；磷（P_2O_5）：0.27/0.5＝0.54 千克；钾（K_2O）：6.39/0.8＝8.0 千克。

确定了该地块黄瓜氮、磷、钾的总养分投入量以后，可以根据黄瓜各个生育期的养分吸收比例，对追肥的养分进行分配，磷作为底肥，土壤中较为丰富，追肥主要以氮、钾肥为主（表 5-8）。

表 5-8　黄瓜各生育期养分吸收比例和追肥分配

养分	苗期—初花		初花—采瓜始期		盛果期		尾果期	
	比例（%）	数量（千克）	比例（%）	数量（千克）	比例（%）	数量（千克）	比例（%）	数量（千克）
N	8	0.61	30	2.28	56	4.26	6	0.46
P_2O_5	6	0.09	30	0.46	57	0.88	7	0.11
K_2O	7	0.56	30	2.40	55	4.40	8	0.64

大棚黄瓜滴灌施肥，以水溶性复混肥料（粉剂或液体）为主、单质水溶性肥料为辅，根据不同时期合理搭配。黄瓜是连续采摘的作物，要注意养分投入量和养分比例，避免膨大障碍或出现畸形瓜，尾果期视市场情况酌情施肥。本方案中推荐使用的大量元素水溶肥，除了含有大量元素氮、磷、钾外，还有硼、锌等微量元素和活性有机质。如使用粉剂大量元素水溶肥则建议配合有机水溶肥使用。黄瓜的参考追肥方案见表 5-9。

表 5-9　大棚黄瓜施肥方案（千克/亩）

时期	施肥次数	水溶性复混肥料			钙镁微肥
		12-16-10	15-10-13	14-6-18	70Ca＋30Mg＋TE
苗期	1	3			
开花结果期	2	3	2		
盛果期	6			5	1
尾果期	2		2	3	1
合计用量	11	9	8	36	8
总用量		61			

方案中的氮、磷、钾养分投入量分别为 7.32 千克、4.4 千克和

8.4千克，氮、钾养分投入量基本符合方案设计需求，磷养分投入量略高于设计需求，是因为肥料配方中均含有一定比例的磷，这并不影响方案设计，适当补充磷有利于黄瓜这种连续采摘作物的生长。

4. 注意事项

（1）少量多次施肥原则　黄瓜属于浅根系作物，且根系不发达。在黄瓜的整个生长发育期，它的需肥量、需水量都是非常大的，且黄瓜本身的吸收率比较低下。因此，整个黄瓜的种植过程中，对于肥水管理，就要遵循"少量多次"的施肥原则，也就是施肥次数多，但每一次的施肥量较少。

（2）注意合理的施肥用量　施肥时要注意根据施肥周期和田间管理调整施肥方案。滴灌施肥，一般施肥周期在7天左右，若施肥周期过长则需要增加单次的施肥量。黄瓜采摘期受管理、环境和市场价格因素的影响，因此施肥次数需要根据实际情况来进行。

（3）注意把控秋冬季的灌溉用量　秋冬季的黄瓜需水量较小，且灌溉水的温度不可过低。秋冬季过量灌溉不仅降低地温，而且影响根呼吸，不利于根系生长。因此，灌溉时尽量选择在中下午高温时段进行浇水，同时注重钾肥及微量元素的追施，结合叶面喷施S-诱抗素，以提高植株的抗逆能力。

（二）辣椒

1. 辣椒的基本情况和营养需求

这里以贵州遵义辣椒为例进行介绍。遵义辣椒以露天栽培为主，当地主栽品种为线椒和朝天椒，种植密度约为2 500株/亩，产量在1 000～2 500千克不等，普遍产量在2 000千克左右。目前，当地辣椒生产中存在以下问题：首先是施肥不平衡、偏施复合肥，缺素症明显；其次追肥方式主要通过撒施，肥料利用率偏低，肥料浪费多。应注重平衡施肥，推广应用滴灌施肥或其他水肥一体化高效方式施肥。

辣椒属于一年或有限多年生草本植物，水肥管理上既要保证连续供肥，又要满足不同生育阶段对养分的吸收。为了实现辣椒高产优质栽培，在施肥技术上首先要保证苗期对营养的要求，培育健壮秧苗，为提早收获、延长结果期奠定基础。在整个生育期，采取综合调控措施，实行营养生长和生殖生长协调进行，以利于多结果、结大果。

辣椒喜硝态氮肥，辣椒的硝态氮与铵态氮肥的施用比例以1∶1为宜。对氮、钾的吸收比例在 1∶（1.2～1.5）为宜。相对磷的需求，除了苗期之外后期要求不高。果实发育期供钙不足，易出现脐腐病。多施钙肥可提高抗病能力。镁是叶绿素核心成分，缺镁容易早衰失绿。

综上，本施肥方案将依据目标产量法，参照辣椒的养分需求规律，结合土壤检测结果，按照滴灌施肥的方式来制定辣椒施肥方案。

2. 养分需求情况分析

根据养分归还学说，辣椒全年的肥料投入量根据目标产量可进行换算。一般情况下是要先根据土壤养分检测的结果，折算出土壤能够提供多少养分。如果土壤本体的各项检测结果并不丰富时（参照相应土壤各养分丰缺标准），在设计施肥方案时也可以不考虑土壤本体的养分供应，完全通过外部施肥来保障产量。

全年的施肥投入分底肥和追肥两种方式进行。本案例中是通过滴灌施肥，加上土壤团粒结构较好，滴灌施肥的氮肥利用率按60%、磷肥利用率按 40%、钾肥利用率按 75%来预计。如果通过漫灌或人工撒施肥料，吸收利用率则大大下降，一般在 30%～40%。

（1）目标产量及需肥量的确定　不同产量情况下辣椒养分吸收量见表 5-10。

表 5-10　不同产量情况下辣椒养分吸收量（千克）

产量	氮（N）	磷（P_2O_5）	钾（K_2O）
每生产 1 000 千克果实所需养分	5.2	1.1	6.5
亩产 1 500 千克所需养分	7.8	1.65	9.75
亩产 3 000 千克所需养分	15.6	3.3	19.5

（2）土壤检测分析　在试验田块通过斜五点取样法，经实验室检测数据情况见表 5 - 11。

表 5 - 11　土壤检测结果

检测项目	检测结果	检测项目	检测结果
氮	15 毫克/千克	有机质	0.9%
磷	2.5 毫克/千克	钙	115 毫克/千克
钾	20 毫克/千克	pH	6.41
镁	51 毫克/千克	电导率	0.25 毫西/厘米

结果分析：参照相应土壤养分诊断标准，土壤中氮、磷、钾、钙含量属于很低水平，可以忽略土壤提供的养分，进行底肥和追肥的补充，镁含量属于正常水平，pH 属于正常范围。

（3）养分分配及投入量分析　考虑到磷肥通过追肥追施容易被土壤固定，以及底肥中氮肥的淋洗损失较大，可将不同的养分实际投入量按照底肥和追肥进行不同的比例分配。例如，将氮的 25%、磷的 60%、钾的 35% 作底肥施用，再结合滴灌下的不同养分的参考利用率，则得到底肥和追肥中实际投入的氮、磷、钾总量。详情见表 5 - 12。

表 5 - 12　养分分配及实际养分投入量（目标产量 3 000 千克/亩）

	项目	N	P_2O_5	K_2O
	养分总需求量（千克/亩）	15.6	3.3	19.5
底肥	占总养分投入比例（%）	25	60	35
	养分利用效率（%）	30	30	40
	实际养分投入量（千克/亩）	13	6.6	17
追肥	占总养分投入比例（%）	75	40	65
	养分利用效率（%）	60	30	70
	实际养分投入量（千克/亩）	19.5	4.4	18.1

3. 施肥方案的制定

（1）底肥参考施肥方案　底肥参考上表应投入氮（N）13 千克、磷（P_2O_5）6.6 千克、钾（K_2O）17 千克。考虑到土壤本底的少量养分供应，以及种植户对于成本控制的要求，本案例中拟施用配方肥（15 - 10 - 20）和微生物菌肥（1 - 1 - 1，2 亿菌/克），建议每亩施用 80 千克配方肥加上 40 千克微生物菌肥。按照养分含量进行折算，实际投入氮（N）12.4 千克、磷（P_2O_5）8.4 千克、钾（K_2O）16.4 千克，基本符合表 5 - 12 需要的实际养分投入量。

（2）追肥参考施肥方案　不同辣椒品种在需肥规律方面有着一定的差异，但同品种不同区域的辣椒需肥规律基本相似。根据辣椒各个生长时期的需肥规律，结合遵义当地的气候和生长周期，制定出遵义线椒的追肥方案（表 5 - 13）。

表 5 - 13　辣椒滴灌追肥计划

生育时期	灌溉周期（天）	滴灌次数	灌水定额（米³/亩）	加肥周期（天）	施肥次数	需肥比例（N：P_2O_5：K_2O）	施肥量（千克/亩）
苗　期	6～8	1～2	13	10～12	1～2	25：10：15	8
花　期	6～8	2～3	13	9～11	1～2	25：5：20	10
结果期	5～7	5～8	15	7～9	3～6	20：0：30	12

实际投入的氮（N）为 19.5 千克、磷（P_2O_5）4.4 千克、钾（K_2O）18.1 千克。以市面上常见水溶肥料和液体肥料作为计划用肥料，参照以上辣椒的滴灌施肥计划，得到目标产量为每亩 3 000 千克的追肥方案（表 5 - 14）。

表 5 - 14　遵义线椒追肥参考方案（千克/亩）

时期	施肥次数	液体肥1	氮肥（25%）	液体肥2	液体肥3	复合肥（20 - 20 - 20）	液体肥4
抽梢期	1	4	4				
（10 天 1 次）	1	4	4				

（续）

时期	施肥次数	液体肥1	氮肥（25%）	液体肥2	液体肥3	复合肥（20-20-20）	液体肥4
花果期	1		4	5			
（15天1次）	1			8			
	1				10		2
	1				8	5	2
采收期	1				8	5	
（7～10天1次）	1		6			7	
	1		6	7			
	1					10	3
总量	8		24	20	36	20	4

注：液体肥1养分含量为150-220-130（克/升），液体肥2养分含量为190-190-190（克/升），液体肥3养分含量为180-70-240（克/升），液体肥4养分含量为0-0-0-70 Ca-30 Mg（克/升）。

（3）追肥投入情况分析　追肥方案中氮、磷、钾的实际投入情况氮（N）21.5千克、磷（P_2O_5）12.1千克、钾（K_2O）17.5千克，氮、钾养分投入量基本满足上述计划养分分配表中追肥实际所需的氮（N）19.5千克、钾（K_2O）18.1千克用量的需求；磷（P_2O_5）的养分投入量高于计划投入量的4.4千克，因为选用的肥料配方中均含有磷，且含量较高。以上追肥方案中的养分投入，加上土壤本底养分的补充，设计施肥方案理论上可满足亩产3 000千克的要求（表5-15）。

表5-15　追肥投入情况分析（千克）

时间	氮、磷、钾投入比例（N：P_2O_5：K_2O）	N	P_2O_5	K_2O
苗期	1：0.6：0.3	3.2	1.8	1
花果期	1：0.7：0.7	3.5	2.5	2.5
采收期	1：0.5：0.9	14.8	7.8	14
追肥总计	1：0.6：0.8	21.5	12.1	17.5

4. 施肥过程中常见问题及注意事项

（1）避免过量灌溉，肥料淋洗 根据土壤干湿度可先滴 $10\sim$ 60 分钟清水，待管道全部充满水后开始滴肥，滴肥时间在 $20\sim40$ 分钟以内完成，滴灌结束前 10 分钟停止施肥，继续滴清水，将肥液全部排出。

（2）水分管理 灌溉水量一般要依据不同生育时期及天气情况来确定。一般每亩每次灌水 10 米^3 左右即可，苗期水分要少，幼果膨大期要适当增加。

（3）养分均衡 土壤可能缺乏有机质和中微量元素，在整个施肥方案中要考虑有机质和中微量元素的投入。前期和花期特别注重镁、硼、锌的叶面补充，幼果期注重钙、镁等中量元素的补充。

四、块根块茎类作物

块根块茎类蔬菜主要有马铃薯、胡萝卜、萝卜、姜、淮山药、甘薯等作物，是我国广泛种植的蔬菜，灌溉和施肥非常频繁。水肥管理与块根块茎类蔬菜的产量和品质有密切的关系。以下以马铃薯为例，介绍块根类作物的水肥管理技术要点和施肥方案设计。

1. 马铃薯种植基本情况

马铃薯的种植模式有大垄双行覆膜种植，或者高垄种植，亩株数 3 500～4 000 株。北方干旱区一般采用滴灌或者喷灌机浇水施肥，产量水平可达 3 000～5 000 千克/亩。南方冬种区马铃薯灌溉设施的普及率和使用水平相对较低，产量水平也偏低，一般为 2 000～3 000 千克/亩。

2. 施肥量的确定（参考目标产量法）

以内蒙古种植的荷兰 15 品种为例。根据内蒙古自治区农牧业科学院的数据，每生产 1 000 千克商品薯需要吸收氮（N）3.3 千克、磷（P_2O_5）5.1 千克和钾（K_2O）5.1 千克。若目标产量为每亩 3.5 吨，每亩需要投入氮（N）：$3.3\times3.5=11.55$ 千克；磷（P_2O_5）：$1.1\times3.5=3.85$ 千克；钾（K_2O）：$5.1\times3.5=17.85$ 千克。

马铃薯通常采用"底肥＋中耕肥＋追肥"的施肥模式。底肥一般为 50～100 千克/亩的复合肥（如 12-18-15），施用有机肥的种植户很少，故不考虑有机肥投入；中耕肥以氮、钾肥（如 20-0-24）为主。假设底肥施用 60 千克/亩的复合肥，中耕施用 40 千克/亩的氮、钾肥，则每亩的养分投入为氮（N）：（60×0.12＋40×0.2）×0.3＝4.56 千克；磷（P_2O_5）：60×0.18×0.2＝2.16 千克；钾（K）：（60×0.15＋40×0.24）×0.4＝7.44 千克（底肥和中耕施用的肥料中，氮的利用率为 30％，磷的利用率为 20％，钾的利用率为 40％）。

假定土壤中的速效氮、有效磷、速效钾养分含量分别为 20 毫克/千克、5 毫克/千克和 40 毫克/千克，则土壤能够提供的养分为氮（N）：20×0.15×0.7＝2.1 千克；磷（P_2O_5）：5×0.15×2.29×0.5＝0.86 千克；钾（K_2O）：40×0.15×1.2×0.7＝5.04 千克。那么马铃薯追肥所需要的养分量为：氮（N）：11.55－4.56－2.1＝4.89 千克；磷（P_2O_5）：3.85－2.16－0.86＝0.83 千克；钾（K_2O）：17.85－7.44－5.04＝5.37 千克。

3. 施肥方案的制定与实施

马铃薯的追肥多采用滴灌施肥，也可能采用喷灌施肥。滴灌和喷灌的养分利用率不同，在本方案中假定使用滴灌施肥的方式，氮的利用率可达 70％左右，磷的利用率可达 50％左右，钾的利用率可达 80％左右。则追肥所需要投入的养分含量为氮（N）：4.89/0.70≈6.99 千克；磷（P_2O_5）：0.83/0.5＝1.66 千克；钾（K_2O）：5.37/0.8＝6.71 千克。马铃薯各生育期养分分配见表 5-16。

表 5-16　马铃薯各生育期养分分配

养分	苗期		块茎形成期		块茎膨大期		淀粉积累期	
	比例（％）	数量（千克/亩）	比例（％）	数量（千克/亩）	比例（％）	数量（千克/亩）	比例（％）	数量（千克/亩）
N	10	0.70	45	3.14	40	2.79	5	0.35
P_2O_5	10	0.29	35	1.00	40	1.14	15	0.43
K_2O	10	0.67	35	2.35	40	2.68	15	1.00

滴灌马铃薯全生育期追肥次数在 6～8 次。在内蒙古地区，追肥通常使用尿素、尿素硝铵溶液、硝酸钙镁、磷酸一铵、硝酸钾、氯化钾、硫酸钾等原料肥。现选用尿素硝铵溶液、磷酸一铵、硝酸钙镁和硝酸钾作为原料来制定施肥方案。一般一次混配 1～2 种肥料，这样得到的马铃薯施肥方案见表 5 - 17。

表 5 - 17   内蒙古滴灌马铃薯施肥方案（千克/亩）

时期	次数	尿素硝铵溶液 （32 - 0 - 0）	磷酸一铵 （12 - 60 - 0）	硝酸钾 （13.5 - 0 - 46）	硝酸钙镁 （13 - 0 - 0 - 16CaO - 6MgO）
苗期	1	3	2		
块茎	1	4	2		
形成期	1	3			5
	1			3	3
块茎 膨大期	1			3	2
	1			3	
淀粉	1			3	
积累期	1			3	
合计	8	10	4	15	10
总用量			39		

该方案中养分投入量氮（N）7.0 千克，磷（P_2O_5）2.4 千克，钾（K_2O）6.9 千克。养分投入量已满足追肥的养分需求。因为使用原料肥设计追肥方案，所以方案中的氮、磷、钾投入比例未能严格按照各生育期的比例分配，马铃薯均衡的养分吸收需依赖底肥和土壤中的养分供应。

4. 需要注意的问题

（1）土壤质地   马铃薯施肥，不同地区基肥和追肥的比例差别很大。一些地区的土壤质地为黏土或者黏壤土的，基肥比例较大，追肥次数和用量均较小；而在沙质土或沙壤土上，土壤的保水保肥性较差，需要少量多次浇水施肥，因此在这些区域追肥的比例较高。在设计马铃薯的施肥方案时，要先对种植区域的土壤质地进行调查，根据实际情况来确定和调整施肥方案。

（2）灌溉　马铃薯的需水量很大，滴灌一般每次每亩 10 米^3 左右，土壤湿润深度不超过 40 厘米，可根据滴灌参数计算灌溉时间，避免过量灌溉。如马铃薯垄距为 0.9 米，每亩用滴灌管 667/0.9＝741 米；如滴头间距 30 厘米，每亩有滴头数 741/0.3＝2 470 个；如滴头流量 1.38 升/时，则每亩流量 2 470×1.38＝3 409 升/时＝3.4 米^3/时。当然这是在滴灌管出水口压力达到 100 千帕的情况下的数据。如果管道压力偏低，则可以用量杯、计时器实测滴头流量。在需水量大、浇水时间较长的情况下，应当先浇水，最后一两个小时施肥，最后再冲一下管道。

（3）天气因素　马铃薯的施肥受天气影响也较大。如果遇到阴雨天，无法完成施肥，则应减少施肥次数，在施肥总量不变的情况下，重新分配每次的施肥量。田间较为湿润的情况下，施肥可减少灌水的时间，以水将肥料带入田间即可，但是也需要注意施肥的浓度，避免烧根烧苗。

五、藤本果树

像葡萄、猕猴桃等藤本果树，它们的生长特点介于草本和木本作物之间。作为一类重要的果树，对葡萄和猕猴桃分别做水溶肥料的应用方案和技术要点分析。

（一）葡萄

1. 葡萄种植基本情况

这里以西昌克瑞森葡萄为例进行介绍。克瑞森葡萄又称克瑞森无核、克伦生、绯红、淑女红无核葡萄，属欧亚种。克瑞森葡萄在西昌一般产量可达 3 000～5 000 千克，远远超过其他产区的产量，同时对于水肥的总量需求也比其他产区更高。该品种生长旺盛，果面亮红色，充分成熟时为紫红色，平均单粒重 4～10 克。因为对果实颗粒大小的要求不太高，对颜色和品质的要求又非常高，所以整个生长期对树势和氮肥的控制非常严格。

西昌的克瑞森葡萄一般 2～3 月开始萌芽，10～11 月采收。萌芽抽梢期是葡萄对于磷元素的养分最大效率期，同时要根据树势注重前期氮肥的谨慎投入。克瑞森葡萄的需肥高峰期在幼果膨大期，肥料供应的总量直接关系到果实颗粒的大小。二次膨果期及成熟转色期要加大钾元素的供应，把握恰当的氮钾比例来促进枝条的提前木质化和糖分的回流，从而收获高品质鲜红的克瑞森葡萄果实。

2. 养分需求情况分析

根据养分归还学说，克瑞森葡萄全年的肥料投入量因产量的不同而不同。一般情况下是要先根据土壤养分检测的结果，折算出土壤能够提供多少养分。如果土壤本底养分并不丰富时（参照相应土壤各养分丰缺标准），在设计施肥方案时也可以不考虑土壤本底的养分供应，完全通过外部施肥来保障产量。

全年的施肥投入一般通过底肥和追肥两种方式进行。在灌溉设施比较完善的区域一般以追肥投入为主，往往能占到肥料投入总量的70%以上。西昌当地通过滴灌施肥，滴灌施肥的氮肥利用率一般按60%、磷肥利用率按30%、钾肥利用率按70%来预计。如果通过漫灌或人工撒施肥料，吸收利用率则大大下降，一般在30%～40%。不同产量情况下葡萄养分吸收量如表5-18所示。

表5-18 不同产量情况下葡萄养分吸收量（千克）

产量	氮（N）	磷（P₂O₅）	钾（K₂O）
每生产1000千克浆果所需养分	6.5	2	9
亩产3000千克所需养分	19.5	6	27
有效利用率下应投入	32.5	18	38.6

根据葡萄各个时期的需肥规律、目标产量（以亩产3000千克来计）及肥料的利用率，制作出了以下施肥方案。

3. 参考施肥方案

（1）底肥方案建议（目标产量3000千克/亩） 根据当地土壤检测报告，土壤有机质含量大多数在1.5%左右，而土壤较为合适的有机质范围一般在2%～4%，建议有机肥作为底肥，提高根区土壤至少 0.5% 的有机质含量。当地的葡萄种植一般采取行距 1.5 米、株距 1 米的栽培方式，一般有效根区的土壤深度为 0.6 米，有效根区垄宽为 1 米，那么要想提高根区土壤至少 0.5% 的有机质含量，需要施入多少有机肥（以有机质 45% 的有机肥为例）比较合适呢？可根据表 5 - 19 和公式进行参考换算：

表 5 - 19　有机肥预计亩用量的计算

项　　目	数　　值
株行距	1.0 米×1.5 米
土壤容重	1.2 吨/米³
根区有效土壤体积	266.4 米³
根区有效土壤重量	320 吨
土壤有机质分析结果	15.0 千克/吨
土壤有机质临界值	20.0 千克/吨
根区有机质需求量	1 600 千克/亩
有机肥施用量	3.5 吨/亩

不同的株行距情况下，因为根区的土壤体积不同，需要施入的有机肥的量自然也不同。不同行距的葡萄地块，每增加 1% 的有机质含量需要施入的有机肥的用量公式如下（供参考）：

有机肥用量＝(667/行距×1×0.6×1.2×1%)/有机质含量，其中有机肥用量单位是吨，有机质含量单位为%。

综上所述，建议底肥方案（目标产量 3 000 千克/亩）为施用 45% 的有机肥 3.5 吨/亩。

（2）追肥方案　由于底肥以有机肥为主，其中的氮、磷、钾忽略不计，葡萄所需的氮、磷、钾则以追肥的补充为主。如果底肥施入了无机的氮、磷、钾肥料，则追肥的氮、磷、钾投入量相应可以减少。具体的追肥方案根据所选用的肥料的养分含量来决定。前文提到要达到 3 000 千克的克瑞森葡萄产量在追肥中需投入氮（N）32.5 千克、磷（P_2O_5）18 千克、钾（K_2O）38.6 千克，本案例中用市场上常见的 18 - 8 - 26 粉剂水溶性复合肥，150 - 220 - 130 -

• 153 •

TE（克/升）、190-190-190-TE（克/升）、60-100-400-TE（克/升）的液体肥，以及硝酸钾、磷酸二氢钾等原料肥来满足相应氮、磷、钾及中微量元素的供应。克瑞森葡萄滴灌追肥方案见表5-20。

表5-20　克瑞森葡萄滴灌追肥方案（千克/亩）

时期	次数	液体肥1	液体肥2	液体肥3	液体肥4	水溶复合肥	螯合钙镁	磷酸二氢钾	硝酸钾	液体硼	尿素
伤流期	1	5									5
萌芽—新稍生长期	1	6									5
	1	6									
	1		8				3			0.5	
花期	1		5					2		0.5	
幼果膨大期	1		8				3				5
	1		7			7					
	1		7			7					
	1		7			5	2				
	1		7			5					
	1			7		5					
浆果第二次膨大期	1			7			2	5			
	1			7				5			
	1			7				5			
浆果着色期	1				7	5					
	1				7	5					
	1				7			3			
采收后	1		10				3				

注：液体肥1为150-220-130（克/升）；液体肥2为190-190-190（克/升）；液体肥3为180-70-240（克/升）；液体肥4为60-100-400（克/升）；水溶性复合肥为18-8-26（克/升）。

按照以上追肥方案统计，养分投入情况见表5-21。

表 5 - 21　追肥养分投入情况（千克/亩）

时间	氮（N）	磷（P$_2$O$_5$）	钾（K$_2$O）
伤流萌芽期	8.5	4.8	3.6
花果期	17.7	9.4	21.9
着色期	5.8	5.8	15.1
合计	32	20	40.6

追肥投入的氮、磷、钾总量基本满足亩产 3 000 千克对于氮、磷、钾的需求。考虑到克瑞森葡萄的树势偏旺，可根据实际情况考虑尿素是否投入或减少实际用量。

4. 施肥过程中常见问题及注意事项

（1）少量多次　以上为参照种植户常规施肥次数的方案，如果做到少量多次，将一次肥料分成两次来施，控制水量。这样更符合根系不间断吸收养分的特点，也减少一次性大量施肥造成的淋溶损失及肥害风险。

（2）避免过量灌溉导致肥料淋洗　根据土壤干湿度可先滴10~60 分钟清水，待管道全部充满水后开始滴肥，滴肥时间在 20~40 分钟以内完成，滴灌结束前 10 分钟停止施肥，继续滴清水，将肥液全部排出。

（3）水分管理　灌溉水量一般要依据不同生育时期及天气情况来确定。一般每亩每次灌水 10~15 米^3 即可，掌握在开花期及转色期要少、幼果膨大期要多、高温干旱时灌水要多的原则。沙地不保水要少量多次灌。

（4）养分均衡　要考虑有机质和中微量元素的投入。前期和花期特别注重镁、硼、锌的叶面补充，幼果期注重钙、镁等中量元素的补充。

（二）猕猴桃

1. 猕猴桃种植基本情况及养分需求

这里以四川省蒲江县的猕猴桃为例进行介绍。当地种植品种以红阳和金艳为主，亩株数在 200～300 株不等，亩产量 1 000～2 000 千克。当地以黏壤土为主，土壤电导率普遍在 0.3～0.8 毫西/厘米，有机质含量较高，通气性较差。

猕猴桃在叶片迅速生长期至坐果期，所需养分主要来自上一年树体储藏的养分，从土壤中吸收较少；到果实发育期，养分吸收量显著增加，尤其是磷、钾吸收量较大；落叶前仍吸收一定养分，并将养分储藏在树体内为来年萌芽、展叶、开花提供养分。Smith 等（1990）（表 5 - 22）探讨了不同发育阶段猕猴桃的营养需求，指出年产 30 吨/公顷的成年树吸收营养以氮、磷和钙最多（125～140 千克/公顷），其次为氯（60 千克/公顷），再次为磷、镁和硫（<25 千克/公顷）与微量营养（<5 千克/公顷）。根据王建（2008）的研究结果，在陕西关中秦岭北麓地区，年产 40 吨/公顷的 10 年生秦美猕猴桃树全年生物量累积为 20.23 吨/公顷，共吸氮（N）216.8 千克/公顷、磷（P）37.0 千克/公顷、钾（K）167.9 千克/公顷。每生产 100 千克猕猴桃，需要吸收纯氮（N）、磷（P）、钾（K）分别为：539.8 克、92.0 克、418.0 克，折算为全年的氮（N）、磷（P_2O_5）、钾（K_2O）投入分别为 539.8 克、210.7 克、501.6 克，对应比例为 1∶0.4∶0.9。

表 5 - 22　幼龄猕猴桃营养元素吸收量（千克/亩）

树龄（年）	N	K	Ca	Mg	P	S
5	9.4	11.3	10.7	1.9	0.3	2.1
4	6.8	7.7	6.3	1.1	1.1	1.1
3	7.7	7.1	7.1	1.4	0.9	1.3
2	3.0	2.7	3.0	0.5	0.3	0.5
1	0.7	0.3	0.6	0.1	0.1	0.1

资料来源：Smith 等（1990）。

2. 施肥方案的设计和制定

（1）目标产量与需肥量参考　根据养分归还学说，按照当地猕猴桃的目标产量，结合单位产量需肥数据（表 5 - 23）计算出养分的需求总量。例如，蒲江猕猴桃高产可以达到 2 000 千克，以 2 000

千克作为目标产量，每亩需要吸收氮、磷和钾养分分别为 10.8 千克、4.2 千克和 10 千克。

表 5-23 不同产量情况下需要吸收的养分总量（千克/亩）

产量	氮（N）	磷（P_2O_5）	钾（K_2O）	钙（CaO）
1 000	5.4	2.1	5	3.5
1 500	8.1	3.15	7.5	5.25
2 000	10.8	4.2	10	7
2 500	13.5	5.25	12.5	8.75

（2）土壤养分检测与数据参考 由于蒲江县的土壤较为肥沃，这里需要考虑土壤本底提供的部分养分，再来核算需要通过外部施肥投入的养分总量。一般情况下是要根据土壤养分速测的结果，折算出土壤能够提供的养分多少。土壤养分计算：土壤养分供应量＝土壤养分测定值×0.15×校正系数，其中土壤养分供应量的单位为千克/亩；土壤养分测定值的单位为毫克/千克；0.15 为将养分换算成每亩耕层（20 厘米）可提供养分数量的一个系数；校正系数为 0.8，即作物可利用土壤速效养分的 80%。当然这是一种掠夺式的计算方法，是在不断榨取土壤的肥力，适合用于较肥沃的土壤。如果土壤本底的各项检测结果并不丰富时（参照相应土壤各养分丰缺标准），在设计施肥方案时也可以不考虑土壤本底的养分供应，完全通过外部施肥来保障产量。

（3）施肥方式及利用率确定 不同的施肥方式，肥料的利用效率不同，根据相应的施肥方式从而计算出肥料实际应投入的数量和带入的养分。一般养分的当季利用率可参照表 5-24 来计算。经过以上步骤基本确定了养分的需求总量。

表 5-24 不同施肥方式下猕猴桃的养分利用效率

施肥方式	养分利用效率（%）		
	氮（N）	磷（P_2O_5）	钾（K_2O）
撒施	25~40	8~20	40

（续）

施肥方式	养分利用效率（%）		
	氮（N）	磷（P_2O_5）	钾（K_2O）
滴灌	75～85	25～35	80～90
喷灌	60～70	15～25	70～80

以蒲江猕猴桃亩产 2 000 千克的结果树，通过滴灌施肥为例，每亩需要吸收氮、磷和钾养分分别为 10.8 千克、4.2 千克和 10 千克，按照 20％作为采后底肥，80％作为生育期追肥的比例来分配。基肥利用率氮、磷、钾分别为 35％、25％、45％，结合滴灌施肥的氮、磷、钾利用率分别为 70％、40％、75％，通过利用率核算，每亩需要施：氮 18.5 千克、磷 11.8 千克、钾 15.7 千克。

（4）各时期需肥规律和养分分配　根据作物不同时期的养分需求比例确定肥料的种类、用量（表 5 - 25），并根据施肥习惯和田间条件做一些微调，施肥方案则基本成形（表 5 - 26）。

表 5 - 25　不同时期猕猴桃养分吸收量占总吸收量比例（%）

养分	春芽期	谢花期	迅速膨大期	缓慢膨大期	采摘后
氮	10	10	40	20	20
磷	5	10	40	30	15
钾	5	5	50	20	20

表 5 - 26　采后施肥和生育期施肥养分分配

	养分种类	氮（N）	磷（P_2O_5）	钾（K_2O）
	总养分吸收（千克/亩）	10.8	4.2	10
采后埋肥	养分利用率（%）	35	25	45
	所占比例（%）	20	20	20
	实际养分投入量（千克/亩）	6.2	3.4	4.4
根部追肥	养分利用率（%）	70	40	75
	所占比例（%）	80	80	80
	实际养分投入量（千克/亩）	12.3	8.4	10.7

（5）参考施肥方案　按照 2 000 千克的目标产量，20％作为采后底肥，猕猴桃的采后底肥方案的制定根据表 5-27 中的养分实际投入量氮（N）6.2 千克、磷（P_2O_5）3.4 千克、钾（K_2O）4.4 千克，选择市场上常见的 17-17-17 复合肥，按照亩用量 40 千克，则可通过底肥至少提供氮（N）6.8 千克、磷（P_2O_5）6.8 千克、钾（K_2O）6.8 千克。

综上所述，建议底肥方案（目标产量 2 000 千克/亩）为有机肥 1 000 千克/亩、复合肥（17-17-17）40 千克/亩。

追肥方案用市场上常见的 20-10-10-TE（克/升）、19-19-19-TE（克/升）、15-10-30-TE（克/升）等大量元素水溶肥料，及有机水溶肥料（$N+P_2O_5+K_2O\geqslant120$ 克/升，有机质$\geqslant100$ 克/升）为例设计施肥方案（表 5-27）。

表 5-27　猕猴桃滴灌施肥方案（千克/亩）

施肥时期	各种水溶肥料投入量				实际养分投入量		
	20-10-10	19-19-19	15-10-30	有机水溶肥	N	P_2O_5	K_2O
萌芽期	5.0			10.0	1.60	0.80	0.80
花期		8.0		5.0	1.82	1.67	1.67
快速	10.0			5.0	2.30	1.15	1.15
膨大期	10.0			5.0	2.30	1.15	1.15
缓慢		10.0			1.90	1.90	1.90
生长期			10.0		1.50	1.00	3.00
			10.0		1.50	1.00	3.00
合计	25.0	18.0	20.0	25.0	12.92	8.67	12.67

3. 施肥过程需要注意的问题

（1）早春注意温度的影响　猕猴桃早春管理应注重地温的影响，一般在地温达到 12～15 ℃以后开始灌溉施肥，温度过低，根系活性较低，施肥浇水不仅不易被吸收利用，而且造成地温降低，影响根呼吸，不利于猕猴桃的健康生长。萌芽后，注重叶面补充营养元素，尤其是磷、硼、锌及各种活性物质。

（2）避免过量灌溉，肥料淋洗　根据土壤干湿度可先滴 10～60 分钟清水，待管道全部充满水后开始滴肥，滴肥时间在 0.5～1.0 小时以内完成，滴灌结束前 10～15 分钟停止施肥，继续滴清水，将肥液全部排出，否则可能在滴头处生长微生物等堵塞滴头。

（3）水分管理　灌溉水量一般要依据不同生育时期及天气情况来确定。一般每亩每次灌水 10～15 米^3 即可，掌握在开花期要少，生长旺盛期及幼果膨大期要多，高温干旱时灌水要多的原则。沙地不保水要少量多次灌。在成熟期要减少灌水，以防影响果实品质。

（三）哈密瓜

1. 哈密瓜种植基本信息

哈密瓜属厚皮甜瓜，在国内有广泛种植。新疆、甘肃、内蒙古西部等地区是哈密瓜的主产区，绝大多数都是露地栽培；近年来在华北、华东、华南等地，保护地反季节种植面积逐渐扩大，筛选出多种适应当地气候条件的哈密瓜品种和栽培管理模式。

露地栽培的哈密瓜，在地面爬蔓生长，采用膜下滴灌栽培模式，一膜两管双行种植，畦面宽度 2.5～3.2 米，株距 40～45 厘米左右，单蔓单果整枝，每亩有效株数 900～1 100 株。保护地栽培采用立架式栽培模式，采用膜下滴灌或者膜下喷带施肥，每亩有效株数在 1 500～1 800 株，南方的连栋拱棚中，栽培株行距比较标准，一膜双行起垄种植，大行距 1.7 米（两行），株距 35～45 厘米。如果是两蔓两果或者三蔓两果整枝，则株距加大，保证每亩的有效瓜数是一样的（图 5-8）。

图 5-8　哈密瓜种植（左边露地栽培，右边立架栽培）

哈密瓜品种繁多，不同品种的产量水平是不一样的，一般陆地种植的小果型品种产量在 1 500～2 000 千克，中、大果型的品种产量在 2 000～3 000 千克；保护地立架式栽培的哈密瓜，栽培密度较大，小果型的产量在 2 000～2 500 千克，中、大果型的品种产量在 3 000～4 000 千克。当然哈密瓜的产量与栽培管理、土壤气候等因素密切相关，在管理过程中，如果出现水肥调控不合理不及时、病虫害防治没做好等管理问题，会极大影响产量，管理不好甚至会绝产。综合来看，哈密瓜的种植，特别是保护地中的哈密瓜种植对栽培管理技术的要求较高。

2. 施肥量的确定（参考目标产量法）

每生产 1 000 千克的哈密瓜需要吸收的氮、磷和钾的量分别为 3.5 千克、1.7 千克和 4.5 千克，以保护地栽培的小果型（如西州蜜 25 号）哈密瓜为例，假定目标产量为 3 000 千克/亩，则所需要吸收的养分为氮（N）：$3.5 \times 3 = 10.5$ 千克；磷（P_2O_5）：$1.5 \times 3 = 4.5$ 千克；钾（K_2O）：$4.5 \times 3 = 13.5$ 千克。

哈密瓜的施肥采用底肥＋追肥的模式，底肥主要使用有机肥料，每亩 800～1 000 千克腐熟有机肥（如 1 000 千克/亩的发酵羊粪），额外增加 30 千克复合肥（12－18－15）作为底肥。查阅羊粪中氮、磷和钾含量分别为 2.32％、0.46％和 1.28％，则每亩地有机肥中供应的养分为氮（N）：$1 000 \times 2.32\% \times 20\% = 4.64$ 千克；磷（P_2O_5）：$1 000 \times 0.46\% \times 20\% = 0.92$ 千克；钾（K_2O）：$1 000 \times 1.28\% \times 20\% = 2.56$ 千克。底肥中供应的养分为氮（N）：$30 \times 12\% \times 30\% = 1.08$ 千克；磷（P_2O_5）：$30 \times 18\% \times 20\% = 1.08$ 千克；钾（K_2O）：$30 \times 15\% \times 40\% = 1.8$ 千克（有机肥中氮、磷、钾养分的当季利用率均为 20％；底肥中氮、磷、钾养分的当季利用率为 30％、20％和 40％）。

哈密瓜一般种植在沙壤土上，土壤本底养分通常较低。假设测得的土壤速效氮（硝态氮）、有效磷和速效钾含量分别为 15 毫克/千克、5 毫克/千克和 40 毫克/千克，则土壤中可提供的养分为氮（N）：$15 \times 0.15 \times 0.7 = 1.58$ 千克；磷（P_2O_5）：$5 \times 0.15 \times 2.29 \times$

0.5＝0.86 千克；钾（K_2O）：40×0.15×1.2×0.7＝5.0 千克。那么哈密瓜的追肥所需要的养分量为氮（N）：10.5－4.64－1.08－1.58＝3.2 千克；磷（P_2O_5）：4.5－0.92－1.08－0.86＝1.64 千克；钾（K_2O）：13.5－2.56－1.8－5.0＝4.14 千克。

3. 施肥方案的制定与实施

哈密瓜的追肥普遍采用膜下滴灌或者膜下微喷带的施肥方式，而且对施肥时间严格把控。因此，养分的利用效率较高，氮的利用率可达 70％左右，磷的利用率可达 50％左右，钾的利用率可达 80％左右，则追肥所需要投入的养分含量为氮（N）：3.2/0.7＝4.57 千克；磷（P_2O_5）：1.64/0.5＝3.28 千克；钾（K_2O）：4.14/0.8＝5.2 千克。

确定好施肥量后要根据哈密瓜各个时期的养分需求比例，将施肥量分配到各个时期。哈密瓜的生育期可分为：苗期、伸蔓期、膨果期和成熟期。表 5－28 介绍了西州蜜 25 号在各个时期的养分需求规律，将追肥所需要施入的养分数量计算出来，在设计施肥方案时应参照此养分分配，同时养分的施用和作物的吸收存在时间差，需要根据肥料的特性适当提前。

表 5－28　哈密瓜各生育期养分分配

养分	苗期		伸蔓期		膨果期		成熟期	
	比例(%)	数量(千克/亩)	比例(%)	数量(千克/亩)	比例(%)	数量(千克/亩)	比例(%)	数量(千克/亩)
N	1.04	0.05	29.11	1.33	53.32	2.44	16.53	0.76
P_2O_5	1.91	0.06	25.37	0.83	31.45	1.03	41.27	1.35
K_2O	0.46	0.02	21.73	1.13	46.17	2.40	31.64	1.65

市场上销售的肥料有很多种，各种功能形态的都有。在设计施肥方案时选择大量元素水溶肥料，其中不仅含有氮、磷、钾等养分，还有硼、锌、有机质，配合上中量元素水溶肥料一起使用，具体方案见表 5－29。

表 5 - 29　小果型哈密瓜追肥参考方案（千克/亩）

时期	施肥时间	12 - 16 - 10	15 - 10 - 13	11 - 6 - 21	6.5Ga＋23Mg＋TE
苗期	移栽—定根水	400 倍			400 倍
	移苗后 7 天	2			1
伸蔓期	移栽后 12 天	2			
	移栽后 18 天	3			
	授粉前 3 天		4		
膨瓜初期	授粉后第 5 天		4		0.5
	授粉后第 7 天		4		0.5
	授粉后第 9 天			4	0.5
	授粉后第 11 天			4	0.5
	授粉后第 14 天			3	0.5
	授粉后第 17 天			2	0.5
膨瓜后期	授粉后第 21 天			2	0.5
	授粉后第 24 天			2	0.5
	合计用量	7	12	12	17

注：TE 指微量元素；400 倍是指定根水使用该配方的肥料稀释 400 倍后，用于拖管淋施水肥。

4. 需要注意的问题

（1）结合实情　以上哈密瓜施肥方案的设计，是充分考虑了底肥、有机肥、土壤养分和品种产量的基础上设计的一个参考方案，在实际参考使用时要考虑方案中的设置条件，根据实际情况适当调整。

（2）少量多次原则　哈密瓜追肥方案中的施肥间隔短、次数多，少量多次施肥，结合滴灌施肥技术，肥料的利用率较高。如果在管理较为粗放的地块，可适当减少用肥次数，增加单次用肥量，施肥时注意浓度安全。

（3）避免过量灌溉　施肥时要注意避免过量灌溉，水分过多不仅影响根系呼吸，还可能导致养分淋洗出根际范围，造成养分的损失，影响养分利用效率。

（4）根系健康　哈密瓜的根系健康非常重要，在栽培管理过程中要注意养根，尤其是在膨果期间，要有针对性地在膨果中后期增加黄腐酸、氨基酸、海藻酸等活性物质，而不是仅仅增加氮、磷、钾养分的供应。本方案中使用的产品已考虑以上因素。

（5）其他农事操作　除了水肥管理外，其他栽培和管理措施对哈密瓜产量和品质的影响也非常大，水肥管理需要与其他农事操作相结合，整体提升管理水平。

六、木本果树

木本果树非常多，如苹果、柑橘、梨树、桃树、枣树等。虽然种类多，但木本果树的管理和生育特点有共通的地方。下面以苹果、柑橘为例，介绍木本果树上的水溶肥料使用方法。

（一）苹果

1. 苹果的基本情况和营养需求

研究表明，生产1000千克的苹果需氮2.5千克、磷0.4千克、钾3.2千克、钙3.7千克，各养分需求量为钙＞钾＞氮＞磷。苹果对钙的需求量很大，钙是苹果重要的品质元素。苹果苦痘病、痘斑病和水心病等缺钙现象是套袋苹果生产中最常见的生理病害。钙元素主要靠蒸腾拉力吸收和运输，钙在韧皮部移动性差，每天只能在树体移动4～5厘米。大量研究认为，花后4～6周是苹果果实吸收钙的高峰期，吸钙量可占到整个生育期需求量的70%～90%。而近几年的研究发现，与不套袋苹果相比，套袋苹果出现了两个钙吸收高峰期，第1个高峰期是在幼果期，其钙摄入量占总量的42%；第2个高峰期是在果实膨大期，占总量的58%。

2. 施肥方案的设计制定

（1）土壤检测和分析　根据土壤养分检测的结果，折算出土壤能够提供多少养分。下面以山东聊城某果园土壤的调查和分析为例。土壤检测结果见表5-30。

表 5-30　土壤检测结果

项目	A1	A2	B1	B2	二期	参考范围
pH	8.83	9.05	9.14	8.89	8.28	7.0～7.5
电导率（毫西/厘米）	0.48	0.34	0.36	0.49	1.24	0.3～0.5（沙质）/ 0.5～1（壤质）
硝态氮（毫克/千克）	22	11	11	11	77	20～40
有效磷（毫克/千克）	7.5	7.5	5.0	7.5	7.5	5～10（中下）/ 10～20（中上）
速效钾（毫克/千克）	50	60	45	20	15	50～100
交换性钙（毫克/千克）	740	610	830	735	810	≥400
交换性镁（毫克/千克）	35	135	75	165	120	≥60
有效锌（毫克/千克）	1.35	1.15	2.50	1.60	5.75	0.5～1.0

注：A1、A2、B1、B2 和二期表示五个果园的名称。

　　从以上结果中可以看出当地土壤的基本情况和问题，最为突出的指标是土壤的 pH 过高，是碱性较强的土壤，这对养分的吸收影响较大，尤其是对金属中微量元素的影响。该果园在管理过程中要重点调碱治碱。养分方面，A 区和 B 区氮、钾含量中等偏低，磷含量适中。二期土壤的氮、磷等含量较高，但是钾含量偏低。而钙、镁元素的总体含量较为丰富，锌含量也较为丰富。综合该果园苹果的长势表现应该是果园土壤偏碱造成了中微量元素的吸收障碍，从而影响了果实的品质。在接下来的生产中，一是要针对性补充养分，二是要调理土壤碱性。

　　当地的灌溉水的检测结果显示，水质较碱，盐分含量略高，这样的水质情况下钙（Ca^{2+}）、镁（Mg^{2+}）含量不高，侧面反映出水中的盐分离子（Na^+ 和 Cl^- 等）较高，在低洼渍水地块和较为黏重的土壤上，要注意预防盐害，注重挖沟排水，少量多次施肥，严重地块可采用膜下滴灌方式排盐。

　　（2）苹果施肥方案设计　按照目标产量亩产 2 000 千克计算，

则每亩苹果需要吸收的氮、磷、钾养分分别为氮（N）＝2.5×2＝
5千克；磷（P_2O_5）＝0.4×2＝0.8千克；钾（K_2O）＝3.2×2＝
6.4千克。方案设计以20%的养分从底肥中吸收，80%的养分从追
肥中吸收，施肥养分分配见表5-31。

表5-31　采后施肥和生育期施肥养分分配（目标产量2 000千克/亩）

	养分种类	氮（N）	（P_2O_5）	钾（K_2O）
	总养分吸收（千克/亩）	5	0.8	6.4
采后埋肥	养分利用率（%）	35	25	45
	所占比例（%）	20	20	20
	实际养分投入量（千克/亩）	2.9	0.7	2.9
根部追肥	滴灌追肥养分利用率（%）	70	40	75
	所占比例（%）	80	80	80
	实际养分投入量（千克/亩）	5.7	1.6	6.9

（3）底肥建议方案　在苹果采摘后要及时进行秋季施肥，特别
是采收后到落叶前这段时间，对于恢复树体营养有重要意义，应在
采收后尽快实施。秋季施肥一般以施用有机肥为主，结合当地施肥
成本的要求，建议每亩施入腐熟有机肥500～1 000千克，配合使
用15-15-15复合肥每亩25千克，则可通过底肥至少提供氮（N）
3.7千克、磷（P_2O_5）3.7千克、钾（K_2O）3.7千克。秋季施肥
建议采用环状沟施肥，或者放射状沟施肥。可施入适量的过磷酸
钙、石膏粉或者磷石膏等酸性底肥，不仅能够补充养分恢复树势，
还能调理根际环境。

综上所述，建议底肥方案（目标产量2 000千克/亩）为每亩
施用有机肥1 000千克、复合肥（15-15-15）50千克。

（4）追肥建议方案　采用滴灌追肥方案，分别在萌芽、花前、
第一次膨大期、第二次膨大和上色期追肥，全程共12次追肥。具
体的施肥方案则根据当地产量及所选用的肥料的养分含量来决定。
这里的追肥方案采用市场上常见的氮溶液及养分含量为190-190-

190 - TE（克/升）的液体肥 1、60 - 100 - 400 - TE（克/升）液体肥 2 等大量元素液体肥料来设计方案（表 5 - 32）。

表 5 - 32 苹果追肥方案（千克/亩）

	各种肥料投入量					实际养分投入量		
	磷酸脲	氮溶液	液体肥 1	液体肥 2	螯合钙镁	氮 (N)	磷 (P_2O_5)	钾 (K_2O)
3～4 月	2	2	5			1.7	1.6	0.7
（萌芽）	2	2	5			1.7	1.6	0.7
5 月（花前）	2	2	5		1	1.7	1.6	0.7
		4		5	1	1.6	0.4	1.4
6 月		4		5	1	1.6	0.4	1.4
（一次膨大）		4		5	1	1.6	0.4	1.4
			5	3	1	0.9	0.9	1.5
7 月			5	3	1	0.9	0.9	1.5
（二次膨大）			5	3	1	0.9	0.9	1.5
8 月				5	1	0.3	0.4	1.4
（转色肥）				5	1	0.3	0.4	1.4
9 月（转色肥）				5	1	0.3	0.4	1.4

注：液体肥 1 的配方为 190 - 190 - 190（克/升）＋TE＋有机质，液体肥 2 的配方为 60 - 100 - 400（克/升）＋TE＋有机质。

（5）叶面补钙方案　苹果叶面补钙有两个时期：一是苹果花后 4～6 周时，即谢花后到套袋前，是果实吸收钙的高峰。在此期间叶面连续喷 3～4 次糖醇钙肥，可明显增加果实前期钙吸收。二是在果实第 2 次膨大期，即采收前 4～8 周，再喷 1～2 次糖醇钙肥。叶面补钙时应尽量将钙肥液喷施在果实上或叶背面，且不要随意加大浓度，避免造成药害。套袋前使用糖醇钙，可以通过果面和叶片双渠道吸收钙，补钙更充分。套袋后喷糖醇钙更有效，糖醇可以携带喷施到叶片的钙通过叶柄韧皮部输送到果实中。

3. 施肥过程中常见问题及注意事项

（1）避免过量灌溉，肥料淋洗　根据土壤干湿度可先滴 20～80 分钟清水，待管道全部充满水后开始滴肥，滴肥时间在 20～40 分钟以内完成，滴灌结束前 10 分钟停止施肥，继续滴清水，将肥液全部排出。

（2）水分管理　灌溉水量一般要依据不同生育时期及天气情况来确定。一般每亩每次灌水 10～15 米^3 即可，掌握在开花期及转色期要少，幼果膨大期要多，高温干旱时灌水要多的原则。沙地不保水要少量多次灌。

（二）柑橘

1. 柑橘种植基本情况

柑橘为深根系果树，结果期长，花量大，抽生春梢、夏梢和秋梢。柑橘怕涝，一旦遇到积水，容易造成柑橘根系缺氧腐烂，导致树体黄化。同时，柑橘也不耐旱，土壤干旱会阻碍柑橘的生长。通过水肥一体化技术进行灌溉施肥可使土壤一直保持合适的含水量，增加柑橘根系活力，增强树势。每亩种植 40～80 株，产量2 000～4 000 千克，合理的水肥管理可明显提高柑橘的产量和品质。

2. 施肥量的确定

根据目标产量计算总施肥量，施肥分配主要根据其吸收规律来定。在具体的施肥安排上还要根据幼年树、初结果树和成年结果树的不同要求。磷肥一般建议基施。对幼龄树而言，全年每株建议施肥氮（N）0.2 千克、磷（P$_2$O$_5$）0.05 千克、钾（K$_2$O）0.1 千克，配合施用沤腐的粪水。初结果树每株全年参考肥量为氮（N）0.4～0.5 千克、磷（P$_2$O$_5$）0.1～0.15 千克、钾（K$_2$O）0.5～0.6 千克，配合有机肥 10～20 千克。成年结果树已进入全面结果时期，营养生长与开花结果达到相对平衡，调节好营养生长与开花结果的关系，适时适量施肥。一株成年树大致的施肥量为氮（N）1.2～1.5 千克、磷（P$_2$O$_5$）0.3～0.35 千克、钾（K$_2$O）1.5～2.0 千克。其主要分配在花芽分化期、坐果期、秋梢及果实发育期、采果前和采果后。采用少量多次的做法，不管是微喷还是滴灌，全年施肥 20 次左右。总的分配是开花前后 3~4 次，果实发育期约 12 次（一般半月一次），成龄树秋梢期 2~3 次。对成龄树要控夏梢，夏梢抽生阶段控氮肥。

通常生产 1 吨柑橘所带走的养分分别为氮（N）1.6 千克、磷（P_2O_5）0.24 千克、钾（K_2O）2.5 千克。橙和柚在我国也有大量栽培，其养分特点与柑橘有显著的差别。表 5-33 比较了柑橘、橙和葡萄柚的养分吸收量差别。橙的养分吸收量远高于柑橘和葡萄柚。但沙田柚、琯溪蜜柚等结果树需要的养分量与橙类似。

表 5-33　柑橘、橙和葡萄柚的养分吸收量（千克/亩）

元素	柑橘（产量3.3吨/亩）	橙（产量4吨/亩）	葡萄柚（3.3吨/亩）
氮	3.9~6.3	20.0	3.5
磷	0.6~1.0	2.0	0.4
钾	4.9~8.6	20.0	6.6
钙	1.2~3.5	5.8	1.3
镁	0.5~0.7	2.8	0.4

由于各地的土壤、气候、栽培品种存在差异，不可能对所有柑橘种植地区推荐同一种施肥方法。因此，要根据果园土壤、品种等制定相应的施肥方案。下面以广东清远的沙糖橘为例介绍水溶性复混肥料的合理施用。

本方案以结果树滴灌施肥为例，沙糖橘目标产量为 3 000 千克/亩。基追肥养分分配及实际养分投入量见表 5-34。

表 5-34　沙糖橘追肥养分分配

养分种类		氮（N）	磷（P_2O_5）	钾（K_2O）	钙（CaO）	镁（MgO）
总需求养分		30	18	24	12	9
土壤施肥	占总养分投入比例（%）	30	30	30	30	30
	实际养分投入量（千克/亩）	9	5.4	7.2	3.6	2.7
灌溉施肥	占总养分投入比例（%）	70	70	70	70	70
	实际养分投入量（千克/亩）	21	12.6	16.8	8.4	6.3

3. 施肥方案的制定

沙糖橘基肥、追肥方案见表 5‑35 和表 5‑36，养分投入情况见表 5‑37。

表 5‑35　沙糖橘基肥方案（千克/株）

肥料种类	有机肥	复合肥 (15‑15‑15)	钙镁磷肥 ($12\ P_2O_5$ ‑ $25\ CaO$ ‑ $8\ MgO$)
基肥（11~12 月，花芽分化期）	2.5	1.0	0.2

表 5‑36　沙糖橘追肥方案（千克/株）

施肥时期		液体肥 (10‑16‑10)	液体肥 (20‑5‑13)	液体肥1 (10‑5‑23)	液体肥2 (5‑3‑31)	硝酸钙镁 ($13\ N$ ‑ $16\ CaO$ ‑ $6\ MgO$)
春芽肥	2 月上旬	0.1	0.1			0.05
	2 月中下旬	0.1	0.2			0.05
谢花肥	3 月落花后期	0.1	0.1			0.05
小果期	4 月中旬（小果发育）		0.1	0.1		0.05
	5 月中旬（果实膨大）		0.1	0.1		0.05
	6 月中旬（果实膨大）		0.15	0.15		0.05
大果期	7 月中旬（秋稍生长）			0.2		0.1
	8 月中旬（秋稍生长）		0.15		0.15	0.1
	9 月中旬（果实膨大）		0.1		0.2	0.1
成熟期	10 月（采果肥）	0.15		0.15		
	总肥量	0.45	1.0	0.7	0.35	0.60

表 5-37　养分投入情况（千克/亩，以 50 株为例计算）

养分	氮（N）	磷（P₂O₅）	钾（K₂O）	镁（MgO）	钙（CaO）
基肥	7.5	8.7	7.5	0.8	2.5
灌溉施肥	19.6	8.4	22.2	1.5	4.6
总施肥量	27.1	17.1	29.7	3.3	7.1

(表头中：磷为 P_2O_5，钾为 K_2O，镁为 MgO，钙为 CaO)

4. 需要注意的问题

（1）补充钙镁磷肥　土壤施用过程中，在复合肥的基础上，建议使用钙镁磷肥以补充土壤中的中量元素，对于保持土壤地力及提高叶片光合作用、壮梢促果、提高果实品质、避免大小年具有积极的效果。在施用钙镁磷肥的情况下，复合肥可以选择高氮、低磷、中钾的比例，如 20-8-12。

（2）灌溉方式　该套方案适用于安装了灌溉系统的果园。

（3）适用范围　该套方案适用于亩产量为 3 000～4 000 千克/亩的果园使用，即每株产量为 60～80 千克左右。

（4）施肥方式　采用滴灌施肥比传统施肥方法更省力，增产增收效果更显著。如果通过淋灌等方式进行施肥，每次施肥量可适当加大。

（5）肥料种类与天气因素　施肥时遇到雨天可适当推迟施肥时间。如果遇到连续阴雨天气（15 天以上），可等雨暂停后快速通过滴灌系统将肥料施下去（半小时左右施完）。硫酸镁和硝酸钙不可同时施用，以免形成硫酸钙沉淀，导致肥料失效。在开花期、幼果期和果实膨大期定期（20～30 天）喷施氨基酸微量元素叶面肥，补充微量元素，保花保果，促进果实膨大和增甜。由于果园土壤一般有机质含量较低，造成土壤结构差，微生物群落少，建议每年秋冬季（11～12 月）每亩施用腐熟有机肥 2～2.5 吨。施有机肥时，在距树干 1～1.5 米挖一条深 40～50 厘米、宽 30～40 厘米、长 1～1.5 米的环状壕沟，次年施有机肥时在不同的方位开挖环状壕沟，保证几年之后沙糖橘树干根系附近的土壤都经过一个全面的改土。

(6) 施肥时期　下半年是沙糖橘果实和秋梢同时生长的时期，对养分的需求量比较大，因此沙糖橘施肥主要集中在下半年。有机肥一般在采果前后 10~15 天施用。沙糖橘下半年吸收的营养主要储藏在秋梢里面，第二年上半年（6 月之前）的春梢和幼果生长主要依靠前一年的储藏营养，因此沙糖橘上半年控制施肥量，如果上半年水肥过足，容易引起夏梢过旺生长，与幼果争夺营养，导致大量落果。因此，在 2~5 月尽量少施肥，或少施高氮的肥料，此期间可喷施高磷、钾和中微量元素的叶面肥补充养分。9~10 月以施高钾肥料为主，禁止施用高氮肥料，以免抽生冬梢，影响花芽分化。

(7) 避免裂果现象　一般在 8~10 月沙糖橘的裂果现象比较普遍，除了营养不平衡对沙糖橘裂果有影响之外，土壤水分不平衡是造成沙糖橘裂果的一个重要原因。通过水肥一体化技术可以基本解决这一问题。在果实膨大期，如果遇到连续干旱，可每隔 3~5 天通过滴灌等设备滴施 1~2 小时的清水，保证根区的土壤水分在合适的范围之内，降低因土壤水分波动过大引起的裂果概率。10 月以后要尽量控制水分，以免诱导冬梢的抽生。

七、草本水果

（一）草莓

1. 草莓种植基本情况

草莓的栽培模式分为设施栽培和露地栽培，设施栽培又分为三种形式，促成栽培（如大棚、温室栽培）、半促成栽培（小拱棚）和冷藏抑制栽培。通常草莓的亩种植密度为 6 000~8 000 株，每亩产量在 1 500~2 000 千克。

2. 施肥量的确定

对于草莓而言，每生产 1 000 千克的鲜果需要吸收氮（N）6.3 千克、磷（P_2O_5）2.5 千克、钾（K_2O）11.5 千克。假设目标产量为每亩 2 000 千克，则每亩需要吸收氮、磷、钾分别为 12.6 千克、5.0千克、23.0千克。

本案例以底肥＋滴灌追肥的施肥方式来确定施肥量。在某地区底肥通常施用25～50千克复合肥（比例15-15-15），而固体底肥氮、磷、钾的利用率分别为30%、20%、40%。假设底肥投入30千克的复合肥，则每亩提供给草莓吸收的氮、磷、钾的量分别为：30×0.15×0.3＝1.35千克，30×0.15×0.2＝0.9千克，30×0.15×0.4＝1.8千克。

对于土壤而言，假设土壤测定的速效氮、有效磷、速效钾养分含量分别为40毫克/千克、10毫克/千克、40毫克/千克，则参照下列土壤养分供应量计算方法，每亩土壤能提供的氮、磷、钾分别为：40×0.15×0.7＝4.2千克，10×0.15×2.29×0.7＝2.4千克，40×0.15×1.2×0.7＝5.04千克。那么每亩草莓从追肥中所需要吸收的养分量为氮（N）：12.6－1.35－4.2＝7.05千克；磷（P_2O_5）：5.0－0.9－2.4＝1.7千克；钾（K_2O）：23.0－1.8－5.04＝16.16千克。

3. 施肥方案的制定与实施

对于草莓而言，其生育期可以分为苗期、始花到结果初期、结果初期到成熟期。结合草莓的养分需求规律，将各时期的养分供应按比例进行合理分配，见表5-38。

表5-38 草莓各时期养分分配比例（%）

养分	苗期	始花到结果初期	结果初期到成熟期
氮（N）	8	12	80
磷（P_2O_5）	4	12	84
钾（K_2O）	4	10	86

对于草莓的追肥，本案例以滴灌的施肥方式来说明。滴灌的养分利用效率较高，通常氮的利用率可达70%左右，磷的利用率可达50%左右，钾的利用率可达80%左右。按照以上利用率计算，草莓每亩需要通过追肥施入的氮、磷、钾养分量分别为7.05/

0.7＝10.1千克，1.7/0.5＝3.4千克，16.16/0.8＝20.2千克。通过少量多次施肥，在生育期内施8次肥，使用液体和固体复合肥合理搭配进行施用，具体方案见表5－39。

表 5－39　滴灌草莓施肥方案

时期	次数	各配比肥料用量（千克/亩）				
		11-16-0+TE	11-6-21+TE	4-7-27+TE	13-0-0	13-0-46
移栽后30天	1	2	2			
移栽后30~45天	2	2	2		3	
第一茬幼果膨大期	1	2	8		3	3
第一茬果实转白	1		8	5	3	3
第二茬幼果膨大期	1		8		3	3
第二茬果实转白	1		8	5	3	3
成熟期	1	2	8			2
合计	8	12	46	10	18	14

注：TE指微量元素，13-0-0为硝酸钙镁，13-0-46为硝酸钾。

以上方案中的氮、磷、钾养分投入量分别为10.94千克、5.38千克、20.0千克，氮、钾与方案预计的养分投入量基本吻合，磷的投入量略高，因为所使用的肥料配方中磷含量固定，带入的磷元素较多，但是适当的田间磷肥能促进草莓花芽分化，增加果实数量，可在一定程度上避免断茬的出现。

4. 需要注意的问题

（1）养分平衡问题　注意合理分配各时期的肥料投入，以防前期肥料过剩旺长，后期供应不足影响膨大成熟。在生长过程中根据作物的表观特征或者进行叶片速测来判断生长是否正常来进行方案的调整。

（2）养分淋洗问题　施肥采用少量多次的原则，并且在停水前1~2小时开始滴肥，防止滴肥时间过长导致淋洗，并空出半小时滴清水清洗管道。

（3）适宜的施肥浓度 草莓对肥料浓度反应比较敏感，种植前和种植过程中需经常监测土壤、灌溉水和肥料水的盐度，以防烧苗。

（二）香蕉

1. 香蕉种植基本情况

香蕉主要分布于广东、广西、台湾、福建、海南、云南等省区。香蕉是多年生常绿大型草本植物，喜高温、多湿、静风环境，忌霜冻、怕强风和台风，喜深松、微酸性及肥沃土壤，忌积水、怕干旱。

香蕉具有速生高产、易种植、投产早、经济效益高等特点。定植后一年左右可收获，每公顷产量为30～45吨，高产园可达75吨以上。香蕉一个完整生长周期包括营养生长、花芽分化和现蕾、果实发育和采收三个阶段，其中以第二阶段的水肥管理最为重要。香蕉根系为地下球茎所抽生的细长肉质根，根系生长的最适温度为20～30℃，当根际温度降至10℃时根系的生长受到抑制，在5℃以下时根的生理活动处于半休眠状态。良好的土壤水分、养分管理是实现香蕉优质高产的关键。土壤排水不良、干旱、过高或过低的温度、施肥不当等都是危害根系生长的重要因子。

2. 施肥量的确定

香蕉对养分需求与其他木本果树相比有明显差别，其中对氮、磷、钾、钙、镁、硫的需求量较多，而对铁、锌、锰、铜、硼和钼等微量元素的需求量较少。在肥料三要素中，以钾最多，钾肥施用量的多少对香蕉果实大小、色泽、香味、糖分积累等品质因素影响很大。氮次之，磷最小。香蕉在不同生长时期对各种养分的需求比例不尽相同。假定目标产量为4 000千克/亩，每生产1 000千克香蕉果实的需肥量为氮（N）2.0千克、磷（P_2O_5）0.5千克、钾（K_2O）6.0千克，1亩香蕉营养体的需肥量为氮（N）15.0千克、磷（P_2O_5）4.0千克、钾（K_2O）65.0千克，养分总需求量是氮（N）23.0千克、磷（P_2O_5）6.0千克、钾（K_2O）89.0千克。

香蕉通常施肥以底肥＋追肥的方式进行施肥。底肥一般为

100 千克/亩的复合肥（比例 15-15-15），则每亩的养分投入为氮
（N）：$100×0.15×0.3=4.5$ 千克；磷（P_2O_5）：$100×0.15×$
$0.15=2.25$ 千克；钾（K_2O）：$100×0.15×0.4=6.0$ 千克（底肥
氮的利用率为 30％，磷的利用率为 15％，钾的利用率为 40％）。

假定土壤中的速效氮、磷和钾养分含量分别为 40 毫克/千克、
10 毫克/千克和 80 毫克/千克，则土壤能够提供的养分为氮（N）：
$40×0.15×0.5=3.0$ 千克；磷（P_2O_5）：$10×0.15×0.5=0.75$ 千
克；钾（K_2O）：$80×0.15×0.7=8.4$ 千克。那么每亩香蕉从追肥
中所需要吸收的养分量为：氮（N）：$23-3.0-4.5=15.5$ 千克；
磷（P_2O_5）：$6.0-2.25-0.75=3.0$ 千克；钾（K_2O）：$89-6.0-$
$8.4=74.6$ 千克。

3. 施肥方案的制定与实施

香蕉的追肥多采用滴灌施肥，也可能采用喷水带施肥。滴灌和
喷水带的养分利用率不同，在本方案中假定使用滴灌施肥的方式，
其养分的利用效率较高，氮的利用率可达 60％左右，磷的利用率
可达 30％左右，钾的利用率可达 80％左右。则追肥所需要投入的
养分含量为氮（N）：$15.5/0.6=25.8$ 千克；磷（P_2O_5）：$3.0/0.3=$
10.0 千克；钾（K_2O）：$74.6/0.8=93.3$ 千克。

由于香蕉的生长受气温等因素影响，冬蕉、春蕉、夏蕉、秋蕉
生育天数不同，因此很难确定具体的施肥日期。根据观察，叶片抽
生的数量与香蕉生育期有很高的相关性，可以借助叶片的数量来指
导施肥。经过多年的示范，作者提出香蕉的"按叶片数施肥法"，
即根据香蕉叶片数量来确定施肥量和施肥次数。在生产上，这种
施肥方法可操作性强，容易被种植户接受使用。通常组培苗移栽
时抽生的第一片花叶（叶片上有不规则紫褐色花斑）为第 9 叶，
用记号笔或油漆在叶柄或叶片上做记号，以后根据叶片数确定施
肥时间和施肥量。一般每抽生两片叶施一次肥，抽蕾后继续施
3～4次，间隔 20 天左右。管理精细的果园每出一片叶施肥一
次，效果更好。该方法已在多地推广。香蕉按照叶片施肥的具体
方案参照表 5-40。

表 5-40 追肥方案（克/株，150 株/亩）

叶片数（片）	配方肥 (20-5-13)	配方肥 (10-5-23)	配方肥 (5-3-31)	硝酸钙镁	氯化钾
9～10	5			20	
11～12	5			20	
13～14	10			20	
15～16	10			30	
17～18	10	30		30	
19～20	20	30		40	
21～22	20	40		40	
23～24	20	40			
25～26	20	40			30
27～28	20	50			40
29～30	20	50			40
31～32	20	60			40
33～34	20	80			40
35～36		100			50
37～38		100			60
39～40		100			60
41～42		80	50		60
43～44		70	50		60
44 叶后 20 天		50	50		
44 叶后 40 天		50	50		
44 叶后 60 天		30	50		
总施肥量	200	1 000	250	200	480

按照每亩保苗 150 株香蕉的密度计算，每亩的养分投入量如表 5-41 所示，氮、磷、钾养分的投入量符合方案设计的养分投入量。

表 5 - 41　实际追肥养分投入情况（千克/亩）

养分	氮（N）	磷（P_2O_5）	钾（K_2O）	镁（MgO）	钙（CaO）
追肥用量	26.8	10.1	93.2	4.5	1.8

4. 需要注意的问题

（1）施肥原则　香蕉施肥因土质、气候、新植与宿根、种植密度、栽培目的不同而有较大差异。具体施肥原则如下：

①香蕉施肥的原则：早期多施，勤施、薄施、重点施，氮、磷、钾配合施用。

②在施肥时期上应把握新老蕉园有别的原则，对新植蕉园以施促苗肥、攻蕾肥、促蕾肥和壮果肥为主，在冬季温度较低地区还应考虑补充过冬肥和回暖肥；对宿根蕉园施肥，重点施攻芽肥、攻蕾肥、促蕾肥和壮果肥。

③增加有机肥的施用，提倡有机无机肥配合施用。

④增加叶面肥的施用数量和频率，以满足香蕉对中微量营养元素的需求。

⑤增施石灰可调节土壤的酸碱度，同时起到补充土壤钙营养及杀灭有害菌的作用。

（2）防止滴头堵塞问题　如采用滴灌，过滤器是滴灌成败的关键，常用的过滤器为 120 目叠片过滤器。如果是取用含沙较多的井水或河水，在叠片过滤器之前还要安装砂石分离器。如果是有机物含量多的水源（如鱼塘水），建议加装介质过滤器。

在水源入口常用 100 目尼龙网或不锈钢网做初级过滤。过滤器要定期清洗。对于大面积的果园，建议安装自动反清洗过滤器。滴灌管尾端定期打开冲洗，一般 1 个月 1 次，确保尾端滴头不被阻塞。

采用滴灌时，在旱季施肥，施肥时间越长越好。一般维持在 2~3 小时施肥。滴完肥后，至少再滴 20 分钟清水，将管道中的肥液完全排出，否则可能会在滴头处长藻类、青苔、微生物等，当遇到阳光洒干后形成结痂，造成滴头堵塞。

（3）防止盐害问题　肥料施用不合理容易出现烧伤叶片和根系问题，特别是微喷灌施肥，容易出现烧叶烧根现象。通常控制肥料溶液的电导率1～5毫西/厘米，或肥料稀释200～1 000倍，或每立方水中加入肥料1～5千克。因不同的肥料盐分指数不同，最保险的办法就是用不同的肥料浓度做试验，看会不会烧叶。常规的香蕉树冠下撒施颗粒肥料容易出现烧根问题。特别是集中埋肥，烧根更多。

（4）雨季的养分管理问题　雨季土壤不缺水，灌溉设施主要用来施肥。这时施肥速度要快、尽可能将每次施肥时间控制在30分钟之内，在施肥结束后不再冲洗管道。南方蕉园雨季一般是高温季节，香蕉生长很快，更需多次频繁施肥。雨季施肥的核心问题是防止肥料被淋洗。建议用硫酸铵、碳酸氢铵等不易淋失的铵态氮肥，少用或不用尿素和硝态氮肥。

（5）经常观察叶片的长度、厚度、光泽、大小　颜色浓绿、叶厚，叶大且有光泽的，表示营养充足，不需要施肥，否则考虑施肥。建议参考香蕉的一些典型缺素症分析植株是否处于缺素状态。例如，下部叶片的叶柄弯折是缺钾，叶色变淡可能为缺氮、缺镁所致。

（6）系统维护　经常检查是否有管道漏水、断管、裂管等现象，及时维护系统。

八、花卉作物

玫瑰作为一种花卉作物，尚不能根据目标产量法来设计施肥方案，但可依据玫瑰对养分的吸收特点，结合田间管理经验来设计施肥方案。玫瑰常规种植很多不具备灌溉设施，不便于进行精准的水肥管理，建议采用滴灌或者膜下喷带施肥。

1. 玫瑰需肥特点

氮肥对玫瑰的营养生长和鲜花产量起重要作用。如果氮肥不足，会使玫瑰枝条瘦弱，叶片发黄，新梢生长缓慢；但是如果土壤中氮肥过多，则容易引起枝条徒长，组织疏松，开花少，甚至花朵畸形。

磷肥可以促进玫瑰根系生长，使根系发达，叶面肥厚，花色鲜艳。如果土壤中缺少磷肥，则会使枝条软弱，花朵下垂而无力。因此，在每年秋季施基肥时，要掺加适量磷肥。

钾肥可促使玫瑰新梢嫩叶生长正常，使鲜花数量增多，花蕾饱满，提高鲜花玫瑰油成分含量。

此外，玫瑰还需要多种微量元素，如铁、硼、锰、锌等。若土壤中缺少微量元素，则会使植物叶片失绿，甚至使植物器官畸形，发生各种生理病害，影响玫瑰植株的正常生长发育。

2. 玫瑰的管理要求

（1）栽植地段及品种的选择　选择土层深厚、土壤结构疏松、地下水位低、排水良好、富含有机质的沙壤土为宜，忌选在黏重土壤或低洼积水的地方。玫瑰的品种较多，根据不同的建园目的选用不同的良种壮苗，以生产花蕾为目的的玫瑰园可选用丰花玫瑰、重瓣玫瑰或紫枝玫瑰。萌生苗木要有 2～3 个分枝，嫁接苗木的砧木根系要发达，株高在 30 厘米以上。

（2）栽植时间及方法　玫瑰的栽植一年四季均可，生长季节要保持根系湿润、冬季要防寒，但以秋季落叶后至春季萌芽前为宜，其中秋季落叶后到封冻前为最佳栽植期。为使植株尽快生长扩大花丛，必须进行大穴栽植，穴长宽各 1 米，深 60～80 厘米，或挖掘深宽各 60～80 厘米的定植沟。穴施生物有机肥 5～10 千克，与土混匀集中施在土深 20～50 厘米，栽后踏实，及时灌透水。

（3）根际培土　玫瑰根系 80% 是水平根，在玫瑰落叶后或早春时间，对玫瑰基部进行培土厚度一般 4～8 厘米，这样即加厚了花丛土层，促进根系的生长，也使落叶、杂草埋入土中腐烂后增加土壤腐殖质，同时病叶埋入土中，也减少了病菌的传播。

（4）深翻改土　在玫瑰栽植 2～3 年后开始，可分年进行深翻改土，时间为玫瑰落叶前，春季解冻后至萌芽前或采收后结合施肥进行。主要采取挖沟深翻方式，从玫瑰丛带外缘开沟，沟深 40～

50厘米、宽50~60厘米，深翻时要注意与原栽植沟穴打通，不留隔墙，尽量少伤植株大根。

3. 玫瑰的灌溉施肥方案

（1）秋施底肥 秋后玫瑰枝叶逐渐停长，光合作用积累的营养大量向根系回流，此期应施有机肥，不宜再施速效肥。玫瑰秋后底肥每亩可选择平衡复合肥40千克，可多使用有机肥，每亩使用量控制在1~3吨/亩。底肥在种植行外开沟施肥。

（2）追肥方案 玫瑰全年生育期可分为萌芽期、现蕾期、开花期等。萌芽期正值春季土壤解冻。树液流动后，树体开始活动，此期施肥有利于促进腋芽萌发和枝叶生长，提高开花率；现蕾开花期管理上促进玫瑰发枝，增加花骨朵数量，提高整体美观度；开花期需肥量较大，若肥水不足会直接影响鲜花产量和质量，使其花小瓣薄，含油率降低，并造成大量落蕾，开花中后期应注意延长花期，增加花瓣厚度，促进花瓣色泽鲜艳。具体施肥方案见表5-42。

表 5-42 玫瑰追肥方案（千克/亩）

施肥时间	施肥次数	150-220-130+ TE（克/升）	200-130-170+ TE（克/升）	140-750-285+ TE（克/升）	60-100-400+ TE（克/升）
早春、春梢萌芽期	1	10			
玫瑰现蕾开花期	2		10		
全开期	2			10	
开花中后期	1				8
合计	6	10	20	20	8

4. 注意事项

（1）灌溉施肥基本流程 滴灌施肥时先滴清水，等管道完全充满水后开始施肥，通常一次施肥时间控制在0.5~1小时。施肥结束后要继续滴几分钟清水，将管道内残留的肥液全部排出。许多用户滴肥后不洗管，最后在滴头处生长藻类及微生物，导致滴头堵塞。

（2）雨季施肥注意事项　在雨季，土壤湿度大，但需要施肥时，一般等停雨后或土壤稍微干燥时进行，此时施肥要加快速度，控制在 30 分钟左右完成。施肥后不洗管，等天气晴朗后再洗管。如果能用电导率仪监测土壤溶液的电导率，可以精确控制施肥时间，确保肥料不被淋溶。

（3）肥料浓度的控制　很多肥料本身就是无机盐。当浓度太高时会"烧伤"根系，通过灌溉系统施肥一定要控制浓度。最准确的办法就是测定滴头出口肥液的电导率。通常肥液电导率范围在 1.0～3.0 毫西/厘米就是安全的，或者水溶肥稀释 300～1 000 倍（即每立方水中加入 1～3 千克水溶肥料）都是安全的。对于滴灌，由于存在土壤的缓冲作用，浓度可以稍高一点也没有坏处。

参考文献

陈清，陈宏坤，2016. 水溶性肥料生产与施用［M］. 北京：中国农业出版社.

邓兰生，张承林，2014. 香蕉水肥一体化技术图解［M］. 北京：中国农业出版社.

邓兰生，张承林，2015. 草莓水肥一体化技术图解［M］. 北京：中国农业出版社.

邓兰生，张承林，2018. 荔枝、龙眼水肥一体化技术图解［M］. 北京：中国农业出版社.

胡克纬，张承林，2015. 葡萄水肥一体化技术图解［M］. 北京：中国农业出版社.

金继运，白由路，杨俐苹，等，2006. 高效土壤养分测试技术与设备［M］. 北京：中国农业出版社.

李中华，张承林，2015. 柑橘水肥一体化技术图解［M］. 北京：中国农业出版社.

梁飞，2017. 水肥一体化实用问答及技术模式、案例分析［M］. 北京：中国农业出版社.

陆景陵，陈伦寿，2009. 植物营养失调症彩色图谱：诊断与施肥［M］. 中国林业出版社.

毛知耘，李家康，何光安，等，2001. 中国含氯化肥［M］. 北京：中国农业出版社.

谭金芳，2011. 作物施肥原理与技术［M］. 北京：中国农业大学出版社.

涂攀峰，张承林，2016. 西瓜水肥一体化技术图解［M］. 北京：中国农业出版社.

王建，2008. 猕猴桃树体生长发育，养分吸收利用与累积规律［D］. 杨凌：西北农林科技大学.

乌兹·卡夫卡费，荷黑·塔奇特斯基，2013. 灌溉施肥：水肥高效应用技术

［M］. 田有国，译. 北京：中国农业出版社.

严程明，张承林，2015. 玉米水肥一体化技术图解［M］. 北京：中国农业出版社.

严程明，张承林，2017. 番茄水肥一体化技术图解［M］. 北京：中国农业出版社.

严程明，张承林，2018a. 甘蔗水肥一体化技术图解［M］. 北京：中国农业出版社.

严程明，张承林，2018b. 瓜果蔬菜水肥一体化技术图解［M］. 北京：中国农业出版社.

尹飞虎，2013. 滴灌—随水施肥技术理论与实践［M］. 北京：中国科学技术出版社.

尹飞虎，2017. 中国北方旱区主要粮食作物滴灌水肥一体化技术［M］. 北京：科学出版社.

张承林，邓兰生，2012. 水肥一体化技术［M］. 北京：中国农业出版社.

张承林，姜远茂，2015. 苹果水肥一体化技术图解［M］. 北京：中国农业出版社.

张承林，赖忠明，2015. 马铃薯水肥一体化技术图解［M］. 北京：中国农业出版社.

Bar - Yosef B, Sheikholslami M R, 1976. Distribution of water and ions in soils irrigated and fertilized from a trickle source［J］. Soil Science Society of America Journal, 40（4）：575 - 582.

Burt C M, O' connor K, Ruehr T. 1995. Fertigation［M］. San Luis Obispo, California：Irrigation Training and Research Center.

Derek A P, 1991. Fluid Fertilizer Science and Technology［M］. Chedburgh, Suffolk, England：Chafer Fertilizers Brit Ag Industries Ltd.

Feigin A, Ravina I, Shalhevet J, 1991. Irrigation with treated sewage effluent：Management for Environmental Protection［M］. Berlin：Springer - Verlag.

Hofman G J, Rhoades J D, Letey J, 1990. Salinity Management［M］// Hofman G J, Howell T A, Solomon K H. Management of farm irrigation systems. Michigan：The American Society of Agricultural Engineers.

Kafkafi U, Bar - Yosef B, 1980. Trickle irrigation and fertilization of tomatoes in high calcareous soils［J］. Agronomy Journal, 72（6）：893 - 897.

Kremmer S, Kenig E, 1996. Principles of drip irrigation. ：Irrigation &. Field

Service [M]. Israel: Extension Service, Ministry of Agriculture and Rural Development.

Smith G S, Ashert C J, Clark C J, 1990. Kiwifruit nutrition [M]. Hamilton, New Zealand: Ruakura Soil and Plant Research Station.

Westcot D W, Ayers R S, 1985. Irrigation water quality criteria [M]// Petty-grove G S, Asano T. Irrigation with reclaimed municipal wastewater: A guidance manual. Chelsea: Lewis Publishers.

图书在版编目（CIP）数据

水溶性复混肥料的合理施用 / 邓兰生等编著 . —北京：中国农业出版社，2021.6（2023.11 重印）
ISBN 978－7－109－28377－0

Ⅰ.①水… Ⅱ.①邓… Ⅲ.①水溶性－复合肥料－农药施用 Ⅳ.①S143.58②S48

中国版本图书馆 CIP 数据核字（2021）第 115476 号

中国农业出版社出版

地址：北京市朝阳区麦子店街 18 号楼
邮编：100125
责任编辑：魏兆猛　文字编辑：张田萌
版式设计：王　晨　责任校对：吴丽婷
印刷：中农印务有限公司
版次：2021 年 6 月第 1 版
印次：2023 年 11 月北京第 3 次印刷
发行：新华书店北京发行所
开本：880mm×1230mm　1/32
印张：6.25
字数：165 千字
定价：30.00 元

版权所有·侵权必究
凡购买本社图书，如有印装质量问题，我社负责调换。
服务电话：010－59195115　010－59194918